AF240472

DISCOURS FONDATEURS

OUVRAGES DU MÊME AUTEUR PARUS CHEZ FAYARD

Le Dieu de Jésus-Christ. Méditations sur Dieu-Trinité, 1977, 136 p., traduit de l'allemand, *Communio.*

La Mort et l'au-delà. Court traité d'espérance chrétienne, 1979, 312 p., traduit de l'allemand, *Communio.*

Entretien sur la foi, 1985, 252 p., traduit de l'italien.

Au commencement, Dieu créa le Ciel et la Terre. Quatre sermons de Carême à Munich sur la Création et la Chute, 1986, 96 p., traduit de l'allemand.

Église, Œcuménisme et Politique, 1987, 370 p., traduit de l'italien.

Serviteurs de votre joie. Méditations sur la spiritualité sacerdotale, 1990, 120 p., traduit de l'allemand.

Regarder le Christ. Exercices de foi, d'espérance et d'amour, 1992, 156 p., traduit de l'allemand.

Appelés à la communion. Comprendre l'Église aujourd'hui, 1993, 192 p., traduit de l'allemand.

Ma vie. Souvenirs (1927-1977), 1998, 146 p., traduit de l'allemand.

Joseph Ratzinger
Benoît XVI

DISCOURS FONDATEURS

1960 - 2004

Édition dirigée par Florian Schuller

Traduit de l'allemand par Brigitte Déchin ainsi que E. Ginder, Philipp-Ernst Gudenus, Philippe Jordan, Beat Müller, Jean-Louis Schlegel et P. Schouver.

Fayard

La présente édition fait partie de la collection de l'Académie catholique de Bavière. Elle a été établie par Florian Schuller.
© 2005 Verlag Friedrich Pustet, Regensburg.
© LEV Libreria Editrice Vaticana.
French edition published by arrangement with Eulama Literary Agency.
© Librairie Arthème Fayard, 1996, pour le chapitre premier, partie I.
© Librairie Arthème Fayard, 1996, pour le chapitre premier, partie IV.
© Revue Esprit, 2004, pour le chapitre III, partie IV
(traduit par Jean-Louis Schlegel).
© Éditions du Cerf, 2005, pour le chapitre II, partie II
(traduit par E. Ginder et P. Schouver).
© Librairie Arthème Fayard, 2008, pour les autres chapitres
(traduits par Brigitte Déchin).
© Librairie Arthème Fayard, septembre 2008.

ISBN : 978-2-213-63788-4

Préface

« Il faut se demander comment comprendre l'Académie en tant que lieu où pratiquer l'interprétation à la lumière croisée de la contemplation et de l'action. » Voilà la question qu'avait posée le cardinal Joseph Ratzinger, qui était en poste à Rome depuis déjà sept mois, à l'occasion des cérémonies célébrant le vingt-cinquième anniversaire de la fondation de l'Académie catholique de Bavière.

Joseph Ratzinger a répondu à cette question durant plus de quarante ans dans notre maison dont la mission statutaire est « de clarifier les relations entre l'Église et le monde et de les encourager ». D'où la grande variété des thèmes abordés et proposés comme sujet de réflexion par les différents directeurs de l'Académie qui se sont succédé, Karl Forster, Franz Heinrich, et moi-même depuis 2004.

Joseph Ratzinger est intervenu à l'Académie en tant que conférencier 17 fois, d'abord à l'époque où il était professeur à Bonn, puis à Münster, Tübingen et Ratisbonne, ensuite en tant qu'archevêque de Munich et Freising, puis en tant que préfet de la Congrégation de la doctrine de la foi. Onze de ses conférences avaient été éditées avec son autorisation. Lorsque nous les avons relues, nous avons été tellement frappés par l'actualité qu'elles avaient conservée que nous avons décidé de les réunir dans cet ouvrage intitulé *Discours fondateurs du pape*, qui montre l'étendue et la place centrale de la pensée théologique de Benoît XVI.

Très certainement, une conférence comme « Pourquoi je suis encore dans l'Église », qui date de la période mouvementée des années soixante-dix, serait formulée autrement. Il n'est pas besoin de prouver que les problèmes abordés se sont depuis terriblement aggravés. Non seulement l'étude d'un texte comme celui-ci, dans lequel le théologien et évêque Joseph Ratzinger, entre-temps devenu pape, explique pourquoi il est « encore » dans l'Église, ne manque pas d'un certain attrait, mais il nous livre aussi une explication très concise de ce que signifie « être croyant dans l'Église ». Son propos dépasse largement le cadre d'une banale discussion sur le pour et le contre.

Le texte qui a marqué le plus profondément l'esprit de nos contemporains les plus vigilants est bien entendu la déclaration de Joseph Ratzinger lors de sa rencontre avec Jürgen Habermas. En janvier 2004, l'Académie réunissait pour la première fois le représentant de la pensée rationnelle laïque et le principal représentant de la réflexion catholique sur la foi. Quand on veut rendre hommage à la vigueur intellectuelle du nouveau pontife, on ne manque jamais de rappeler cette rencontre considérée comme un signe d'ouverture à un dialogue, en dépit de la persistance des divergences fondamentales.

Le lecteur trouvera ici les discours fondamentaux du pape classés non pas dans un ordre chronologique, mais par thèmes, avec en tête une conférence prononcée en octobre 1977 par le tout nouveau cardinal sur la « Nature et la mission du ministère de Pierre ». L'interprétation qu'il présente peut nous permettre non seulement de comprendre la façon dont le pape Benoît XVI conçoit comme un facteur d'unité la charge pontificale qui lui a été confiée, mais elle permet aussi de comprendre l'accent surprenant qu'il a mis, dans sa prédication après son élection, sur l'effort à accomplir dans le domaine œcuménique, dont il a fait la priorité essentielle parmi les défis à relever.

S'ensuivent trois textes, dont l'un traite des points fondamentaux de la profession de foi tandis que les deux autres offrent des réflexions théologiques sur l'Église. Trois exposés sont consacrés à l'importance de la mission universelle de la foi chrétienne, qui se traduit dans une évolution spirituelle que le discours sur l'Europe, « Un héritage engageant la responsabilité des chrétiens », affirme avec une énergie et une rigueur dont l'actualité politique demeure vingt-cinq ans plus tard.

L'ouvrage s'achève avec deux hommages rendus, l'un à Alfons Goppel, le ministre-président de Bavière, et l'autre à Romano Guardini. Joseph Ratzinger cerne avec précision leurs personnalités et fait l'éloge de l'exemplarité de leur action.

L'essentiel de la pensée de Joseph Ratzinger, l'orientation majeure de son pontificat, peut se résumer dans une phrase extraite de ce livre : « L'espoir de la chrétienté, la chance de la foi repose en dernier ressort tout simplement sur le fait qu'elle dit la vérité. » Ce n'est pas seulement à nous qu'il adresse ce message mais à l'ensemble de la chrétienté. Transmettre la vérité de la chrétienté dans le dialogue du cœur et de la raison, c'est à cela que contribuent les exégèses présentées ici en encourageant l'action et en ouvrant la voie à la contemplation.

Florian SCHULLER,
directeur de l'Académie catholique de Bavière

LE MINISTÈRE DE PIERRE

En 1977, année où Joseph Ratzinger fut consacré archevêque de Munich et Freising puis élevé cardinal, l'Académie Catholique de Bavière organisait à Rome du 11 au 14 octobre un colloque de spécialistes sur le thème : « Au service de l'unité. Nature et mission du ministre de Pierre ». Cette manifestation se déroulait à l'occasion du quatre-vingtième anniversaire du pape Paul VI et de la visite ad limina des évêques bavarois dans la cité pontificale. La conférence du cardinal Joseph Ratzinger, que l'on va lire ici, brosse un tableau de l'avenir de la chrétienté qui souligne le caractère permanent de la mission d'unité propre à la fonction papale. L'auteur esquisse pour ce faire une interprétation martyrologique de la primauté du pape, qu'il conçoit dans une perspective œcuménique. Cette conférence venait clore l'examen de cette thématique, envisagée sous l'angle de l'exégèse, de l'histoire de l'église, de l'œcuménisme et de la doctrine. Parmi les intervenants de renommée internationale, se trouvaient entre autres : les professeurs Giuseppe Alberigo de Bologne, Jean-Jacques von Allmen de Neuburg, Walter Kasper de Tübingen, Franz Mussner de Ratisbonne ainsi que Wilhelm de Vries de Rome (S.J.).

LA PRIMAUTÉ DU PAPE
ET L'UNITÉ DU PEUPLE DE DIEU

I. FONDEMENT SPIRITUEL DE LA PRIMAUTÉ
ET DE LA COLLÉGIALITÉ

La papauté ne fait pas partie des thèmes en vogue dans l'époque postconciliaire. Ce thème allait de soi, jusqu'à un certain point, quand celui de la monarchie lui correspondait sur le plan politique. Mais dès lors que le concept de monarchie s'est pratiquement éteint et a été remplacé par la notion de démocratie, la doctrine de la primauté a perdu tout point de référence dans nos catégories mentales les plus courantes. Ainsi, ce n'est certainement pas un hasard si le concile Vatican I fut dominé par l'idée de la primauté du pape, alors que le concile Vatican II l'a été par la notion de collégialité[1]. Mais il faut ajouter que si le concile Vatican II a décrit l'idée de collégialité, suggérée par divers mouvements du monde

---

1. La configuration conceptuelle dans laquelle il convient de situer le premier concile du Vatican a été éclairée par H.J. Pottmeyer, *Unfehlbarkeit und Souveränität. Die päpstliche Unfehlbarkeit im System der ultramontanen Ekklesiologie des 19. Jahrhunderts* (« Tübinger theologische Studien », vol. 5, Mayence, 1975).

contemporain pleins de vitalité, ce fut aussi de manière à prendre en compte l'idée de primauté. Nous avons aujourd'hui une certaine expérience de la collégialité, tant de ses valeurs que de ses limites, et nous devons justement partir de cette expérience si nous voulons mieux comprendre la convergence de traditions apparemment opposées, et garantir ainsi toute la richesse de la réalité chrétienne.

1. La collégialité comme expression du nous dans la foi

En relation avec les débats conciliaires, la théologie avait tenté, à l'époque, de concevoir la collégialité, au-delà des seules structures et fonctions, comme l'expression d'une loi fondamentale qui apparaît jusque dans les racines les plus profondes du christianisme, d'une loi qui se manifeste et se présente sous des formes toujours nouvelles aux divers niveaux de réalisation de la chrétienté. On a pu montrer que le *nous* est un élément essentiel de « l'être chrétien[1] ». Le croyant comme tel n'est jamais seul. Commencer à croire, cela signifie sortir de l'isolement et entrer dans le *nous* des fils de Dieu. En outre, l'acte d'adhésion au Dieu révélé dans le Christ est toujours une union avec ceux qui ont déjà été appelés. De même, l'acte théologique comme tel est toujours un

---

1. J'ai tenté d'exposer le fondement spirituel de la collégialité, la structure de *nous* du christianisme, dans mon article « Die pastoralen Implikationen der Lehre von der Kollegialität der Bischöfe », in *Concilium I* (1965), pp. 16-29, réédité dans mon ouvrage *Le Nouveau Peuple de Dieu*, Paris, 1971, pp. 101-129. Sur ce problème, voir l'œuvre fondamentale de H. Mühlen, *Una mystica persona. Die Kirche als Mysterium der Identität des Heiligen Geistes in Christus und der Kirche, Eine Person in vielen Personen*, Paderborn, 1964, 3ᵉ éd., 1968.

acte ecclésial, recélant en propre une structure sociale[1]. L'initiation au christianisme est donc toujours aussi une socialisation vis-à-vis de la communauté des croyants, elle est un devenir *nous* qui transcende le simple moi[2]. On peut rapprocher cela du fait que Jésus a appelé les disciples en leur donnant tout de suite figure d'un groupe de douze, nombre qui renoue avec l'ancienne idée de peuple de Dieu. Dans cet ordre d'idées, il est à nouveau essentiel que Dieu crée une histoire communautaire et traite son peuple justement comme un peuple[3]. D'un autre côté, on a compris que la base la plus profonde de ce *nous* chrétien réside dans le fait que Dieu lui-même est un *nous*. Le Dieu professé par le Credo chrétien n'est pas une pensée solitaire qui se pense elle-même. Ce n'est pas un Moi absolu et indivisiblement fermé sur Lui-même, mais Il est unité dans la relation trinitaire du Moi-Toi-Nous, si bien que le *Nous* en tant que structure divine fondamentale précède chaque *nous*

---

1. Ceci a été mis en évidence de manière impressionnante par H. de Lubac in *Catholicisme*, œuvre parue en 1938. *Cf.*, à ce propos, la thèse de H. Schnackers, *Kirche als Sakrament und Mutter* (Francfort, 1979), présentée à l'université de Ratisbonne. En Allemagne, le même principe a été développé en particulier dans les travaux de H. Poschmann sur la théologie du sacrement de pénitence – *cf.* avant tout *Poenitentia secunda* (Bonn, 1940) – poursuivis de manière très pénétrante par K. Rahner, par exemple in *Schriften zur Theologie II* (1955). pp. 143-183.

2. L'initiation comme socialisation ecclésiale est clairement soulignée dans le fascicule *Eingliederung in die Kirche*, in *Pastorale. Handreichung für den pastoralen Dienst*, de G. Biemer, J. Müller et R. Zerfass (Mayence, 1972).

3. *Cf.* pour l'importance des douze, par exemple R. Schnackenburg, *Die Kirche im Neuen Testament* (Fribourg-en-Brisgau, 1961), pp. 21-33. Sur le traitement de ce sujet par le Concile, G. Philips, *L'Église et son mystère au IIe Concile du Vatican I*, Paris, 1967, pp. 277-290, et aussi pp. 230-245.

dans le monde, et que toute ressemblance avec Dieu se trouve en principe référée à ce *Nous* divin[1].

Dans ce contexte, nous nous sommes souvenus d'un traité aujourd'hui oublié de E. Peterson, *Monotheismus als politisches Problem*. Peterson cherchait à démontrer que si l'arianisme était la théologie favorisée par l'empereur, c'était précisément parce qu'il assurait une correspondance divine à la monarchie politique, alors que la prédominance de la foi trinitaire détruisait la théologie politique et supprimait le rôle de la théologie comme justification d'un tel pouvoir[2]. Peterson avait interrompu son exposé à ce point précis, mais l'idée fut reprise et développée dans un nouveau système de spéculations de type analogique dont le principe fondamental est le suivant : au *Nous* de Dieu doit correspondre une actuation de l'Église selon le modèle du *nous*. Ce principal général, ouvert à maintes interprétations, a été repris et restreint au point d'affirmer que l'exercice de la primauté par une seule personne, le pape à Rome, correspondrait au modèle arien. Conformément à la tri-personnalité de Dieu, l'Église devrait être également gouvernée par un collège de trois personnes dont les composantes devraient constituer, à elles trois, le pape. En guise d'accompagnement, on vous servait avec cela d'ingénieuses spéculations qui en arrivaient à la conclusion (grâce à l'appui, par exemple, de l'histoire solovié-

---

1. *Cf.* H. de Lubac, *La Foi chrétienne, Essai sur la structure du Symbole des Apôtres*, Paris, Aubier-Montaigne, 1969, spécialement pp. 55-83 ; J. Ratzinger, *Foi chrétienne, hier et aujourd'hui*, Paris-Tours, 1969, 2ᵉ éd., 1985 ; H. Mühlen, *Una mystica persona, op. cit.*

2. Publié in E. Peterson, *Theologische Traktate*, Munich, 1951, pp. 45-147 (1ʳᵉ éd., 1935). On reconnaît la problématique historique de la thèse de Peterson in A. Grillmeier, *Mit ihm und in ihm. Christologische Forschungen und Perspektiven*, Fribourg-en-Brisgau, 1975, pp. 386-419.

vienne de l'Antéchrist) que la « troïka » papale devait être composée d'un catholique romain, d'un orthodoxe et d'un chrétien de confession protestante. On croyait avoir ainsi trouvé d'emblée, à partir de la théologie et de l'idée de Dieu, la formule clé de l'œcuménisme, et avoir réalisé la quadrature du cercle par laquelle le pape, suprême scandale de la chrétienté non catholique, deviendrait le véhicule définitif de l'unité de tous les chrétiens [1].

2. Le fondement intrinsèque de la primauté : la foi comme témoignage personnellement responsable

Est-ce donc en cela que consiste l'harmonie entre la collégialité et la primauté, la réponse au problème de la primauté du pape et de l'unité du peuple de Dieu ? Il ne faut pas refuser à de telles spéculations toute utilité ou fécondité. Ce sont évidemment des déformations de la doctrine trinitaire, et elles commettent une confusion intolérablement simplificatrice entre la confession de la foi et la politique ecclésiastique. Nous avons besoin d'un principe plus fondamental. Avant tout, il me semble important de relier encore une fois, et avec une plus grande clarté, la théologie de la communauté, développée à partir de l'idée de collégialité, et une théologie de la personnalité, non moins sérieuse que la première, tout

---

1. On peut parfois entendre des choses semblables dans des déclarations orales qui reprennent de manière grossière les déclarations de H. Mühlen, en particulier dans son œuvre *Entsakralisierung* (Paderborn, 1971), pp. 228 sq., 240 sq., 376-396, 401-440. Même si les pages incisives de Mühlen ont une grande portée, elles ne semblent pas exemptes du danger d'une nouvelle conception de l'analogie qui étende un peu trop la portée ecclésiologique de l'affirmation trinitaire.

en se basant sur les sources bibliques. Ce n'est pas seulement l'aspect communautaire de l'histoire créée par Dieu qui appartient à la structure de la Bible, mais, bien davantage encore, l'aspect des engagements personnels, la responsabilité de la personne. Le *nous* n'est pas la dissolution du moi et du toi, il est leur confirmation et leur renforcement dans la perspective de la réalité définitive. On peut déjà le constater à la place que prend le nom, dans l'Ancien Testament, vis-à-vis de Dieu et vis-à-vis des hommes. On pourrait même dire que le nom occupe dans la Bible la place de ce que la réflexion philosophique a ultérieurement défini par le terme de personne [1]. À Dieu, qui a un nom, c'est-à-dire qui peut appeler et être appelé, correspond l'homme, présent dans l'histoire de la Révélation avec son nom et sa responsabilité nominale [2]. Ce principe se trouve renforcé dans le Nouveau Testament ; il est conduit à sa signification la plus profonde dès lors que le peuple de Dieu surgit non plus par la naissance, mais par l'appel et la réponse. Il n'est donc plus un destinataire collectif, comme auparavant, quand le peuple entier formait une espèce de grand individu et se trouvait confronté à l'Histoire universelle avec ses châtiments, ses pénitences, ses grâces et ses miséricordes collectives. Le « nouveau peuple » se caractérise par une nouvelle structure de responsabilité personnelle qui se manifeste dans la personnalisation de l'événement culturel. Depuis lors, chacun est appelé par son nom dans sa pénitence ; à partir du baptême personnel qu'il reçoit en tant que personne particulière, il est appelé à

---

1. *Cf.* J. Ratzinger, *Le Dieu de Jésus-Christ. Méditations sur Dieu-Trinité*, Fayard, coll. « Communio », Paris, 1977.

2. *Cf.* par exemple l'importance des arbres généalogiques dans la structure de l'histoire biblique.

une pénitence personnelle et nominale dans laquelle le générique « nous avons péché » ne suffit plus [1].

Nous pouvons encore rapprocher cette structure du fait que la liturgie ne parle pas simplement de l'Église en général, mais la représente, dans la prière du canon, au moyen de noms propres : les noms des saints, les noms de ceux qui portent la responsabilité de l'unité. (Par parenthèse, c'est précisément pour ce motif que m'avait paru préoccupant le fait que, dans la première rédaction du lectionnaire liturgique en langue allemande – certainement par crainte de fausses interprétations historiques –, les noms propres avaient été ôtés et, par exemple, l'Épître aux Romains de saint Paul n'était plus présentée sous la responsabilité et le nom de l'apôtre, mais comme un écrit anonyme dont l'auteur et le responsable demeuraient incertains [2].

Nous devons encore rapprocher de cette structure personnelle le fait qu'il n'a jamais existé dans l'Église de gouvernement anonyme de la communauté. Saint Paul écrit sous son propre nom, en tant que responsable ultime de ses propres communautés. Mais il s'adresse également à ceux qui assument les responsabilités avec lui et sous sa direction en utilisant leur propre nom. Que l'on pense par exemple aux salutations de la première Épître aux Corinthiens et de l'Épître aux Romains, ou encore à l'allusion de 1 *Co* 4,17 : « Je vous ai envoyé Timothée, qui est mon enfant bien-aimé et

---

1. Cela est exposé de façon très pénétrante par H. U. Von Balthasar, « Umkehr im Neuen Testament » in « *Internat, kath. Zeitschrift* « Communio » 3 (1974), pp. 481-491.

2. Si l'on voulait esquiver ainsi le problème de l'existence de l'auteur des textes discutés, on aboutirait à un changement de niveau et à une incompréhension de l'affirmation liturgique. Celle-ci se trouve nécessairement à un niveau inférieur au noyau dur de la foi, mais elle ne saurait être considérée comme un champ de disputes historiques.

fidèle dans le Seigneur ; il vous rappellera mes règles de conduite dans le Christ Jésus, telles que je les enseigne partout dans toutes les Églises –, ou encore l'Épître aux Philippiens où saint Paul (4,2s) passe à l'improviste au tutoiement en s'adressant à Evodie, à Syntiché et à son fidèle « compagnon » d'esclavage. Dans cette ligne, des listes d'évêques ont été dressées dès le début du IIe siècle (Hégésippe) afin de mettre en évidence et d'illustrer la responsabilité nominale des témoins de Jésus face à l'Histoire[1]. Ce processus correspond profondément à la structure fondamentale de la foi dans le Nouveau Testament. Au témoin Jésus-Christ répondent les témoins qui, justement parce qu'ils sont témoins, s'engagent pour Lui par leur nom. Le martyre, réponse à la Croix du Christ, n'est que l'ultime confirmation de ce principe de l'inaliénable nominalité, de la responsabilité de la personne par son nom[2]. Le témoignage implique la nominalité, mais le témoignage comme réponse à la Croix et à la Résurrection est, par essence, la forme primordiale et fondamentale de l'imitation du Christ. Ce principe se trouve dès lors ancré dans la foi du Dieu trinitaire, puisque la Trinité acquiert pour nous un sens et, par-

---

1. L'importance essentielle de ces listes comme pivot du concept de tradition dans la perspective de l'élaboration par Eusèbe de l'histoire de l'Église est bien montrée par V. Twomey in *Apostolikos Thronos*, Münster, 1982, pp. 68-72.

2. L'importance capitale du martyre dans la structure de l'acte de foi chrétien est admirablement montrée par K. Bommes, *Weizen Gottes, Untersuchungen zur Theologie des Martyriums bei Ignatius von Antiochen*, Cologne-Bonn, 1976 ; *cf.* aussi E. Peterson, *Zeuge der Wahrbeit*, in « Theologische Traktate », pp. 165-224. Le fait que, dans l'œuvre de H. Küng, *Christ sein* (Munich-Zurich, 1974), p. 565 sq. (traduction française, *Être chrétien*, Paris, Seuil, 1978), le martyre ne puisse trouver place (*cf.* encore l'exposé récapitulatif de la thèse fondamentale, p. 594), revêt, dans cette perspective, une portée essentielle.

dessus tout, est connaissable du fait que Dieu est devenu témoin de Lui-même en son Fils fait homme. Ainsi donc, Il se concrétise comme personne jusque dans l'anthropomorphisme radical de la « forme de servi-teur », de la « forme d'homme » (*morphè doúlou, homoíoma anthrôpou – Ph* 2,7) [1].

Voilà donc l'orientation selon laquelle la théologie pétrinienne du Nouveau Testament trouve sa nécessité interne. Le *nous* de l'Église commence par le nom de celui qui, nominalement et personnellement, a le pre-mier confessé le Christ : « Tu es le Fils du Dieu vivant » (*Mt*, 16,16). Curieusement, on fonde habituellement la place de la primauté sur *Mt* 16,17, alors que, d'après l'Église primitive, le verset décisif pour la compréhension de l'ensemble est le verset 16. C'est en tant que porteur du *Credo* que Pierre devient rocher de l'Église, porteur de sa foi en Dieu, qui est foi dans le Christ comme Fils, et, justement pour cela, foi dans le Père et foi trinitaire que seul l'Esprit de Dieu peut transmettre [2]. Pour l'Église primitive, les versets 17-19 ne constituent qu'une inter-prétation du verset 16 : dire le *Credo* n'est jamais une œuvre propre de l'homme. Ainsi, celui qui, dans l'obéis-sance de la foi, déclare ce qu'il ne peut pas déclarer par lui-même, peut aussi faire et devenir ce qu'il ne pourrait

---

1. Pour l'explication de ce texte fondamental, *cf.* J. Gnilka, *Der Philipperbrief*, Fribourg-en-Brisgau, 1968, pp. 111-147.

2. Le point faible du travail, en lui-même digne d'éloges, de J. Ludwig, *Die Primatworte Mt 16,18, 19 in der altkirchlichen Exe-gese* (« Neutestamentliche Abhandlungen », XIX 4, éd. par M. Mei-nertz, Münster, 1954), est de n'avoir pas pris conscience de ce fait. La compréhension de saint Léon le Grand en est empêchée. Mais tous les autres Pères devraient également être analysés de nouveau avec une vision moins limitée de la question. Pour apporter un correctif au travail de Ludwig. comparer avec St. Horn, *Petrou Kathedra. Der Bischof von Rom und die Synoden von Ephesus und von Chalcedon*, Paderborn, 1982.

ni faire ni devenir par lui-même. Quand on voit les choses de cette manière, n'apparaît pas l'alternative suggérée d'abord par saint Augustin, qui domine la scène théologique à partir du XVIe siècle : le fondement de l'Église est-il Pierre en tant que *personne*, ou bien la profession de foi ? La réponse est la suivante ; la profession de foi ne peut exister que si elle engage la responsabilité personnelle, elle est donc liée à la personne. Par contre, ce fondement n'est pas une personne au sens métaphysique et neutre du terme, mais la personne en tant que porteuse de la profession de foi. L'une sans l'autre perdrait toute signification.

Tout en omettant de nombreuses étapes intermédiaires, nous pouvons donc dire que l'unité des chrétiens comme *nous* — unité que Dieu a fondée sur le Christ, par l'Esprit-Saint, au nom de Jésus-Christ et de Son témoignage accrédité par Sa mort et Sa résurrection — est maintenue par ceux qui portent personnellement la responsabilité de l'unité. Cette unité, une fois encore, se trouve personnifiée en Pierre qui reçoit un nom nouveau et est ainsi élevé au-dessus de ce qui lui est propre. Mais, par ce nom, il est engagé comme personne, sous sa responsabilité personnelle. Par son nouveau nom qui transcende l'individu historique, Pierre devient une institution qui traverse l'Histoire (car la faculté d'être continué et la continuation elle-même sont comprises dans cette nouvelle dénomination), mais de telle manière que cette institution ne peut exister qu'en tant que personne et avec une responsabilité nominale et personnelle.

II. UNE CONTRE-ÉPREUVE :
LA STRUCTURE MARTYRIOLOGIQUE
DE LA PRIMAUTÉ

Nous voici en face d'un problème devenu de plus en plus aigu depuis le XVIe siècle : l'exigence placée dans le nom de Pierre ne transcende-t-elle pas complètement les dimensions d'un individu donné ? Cette exigence ultime du principe personnaliste peut-elle être encore justifiée anthropologiquement ou dans la perspective fondamentale de la Bible ? Ou bien est-elle si considérable qu'elle ne saurait être appliquée qu'au Christ et, en conséquence, sa transposition à un « vicaire du Christ » ne pourrait constituer qu'une offense au principe du « Solus Christus » ? Comme conséquence nécessaire au problème exégétique d'ensemble, une éventuelle théologie pétrinienne du type décrit ici ne s'opposerait-elle pas aux affirmations fondamentales du Nouveau Testament, en sorte qu'on devrait la taxer d'apostasie ? Il est exact de dire que toute évaluation de diagnostics exégétiques particuliers dépend d'une perspective d'ensemble. Par conséquent, on ne saurait formuler à leur sujet de jugement favorable ou défavorable sur la seule base de l'analyse exégétique de détail. Du reste, comme F. Müssner l'a démontré de manière convaincante, il est presque impossible de nier encore aujourd'hui, sur la base d'analyses de détail, l'existence d'une théologie pétrinienne et d'un ministère pétrinien destinés à durer[1]. Par ailleurs, la perspective d'ensemble du Nouveau Testament paraît s'opposer d'autant plus effectivement à ce ministère que l'idée d'une primauté strictement pastorale, sans inci-

---

1. Voir F. Müssner, *Petrusgestalt und Petrusdienst in der Sicht der späten Urkirche, Redaktionsgeschichtliche Überlegungen*, in J. Ratzinger (éd.), « Dienst an der Einheit », Düsseldorf, 1978, pp. 27-45.

dence juridique, peut rester extérieure à notre réflexion, car elle est sans importance dans la pratique[1].

1. La structure de témoignage de la primauté, conséquence nécessaire de l'opposition monde-Église

J'essaierai de répondre à cette question en faisant référence à une controverse historique qui garde à mon avis son caractère exemplaire et qui a conduit au développement de l'une des plus profondes théologies de la primauté, où les exigences œcuméniques de notre propos sont préservées comme nulle part ailleurs. Je veux parler de la controverse entre le cardinal Reginald Pole, le roi Henri VIII, Cranmer et l'évêque Sampson au temps des polémiques autour de la notion de primauté qui eurent lieu dans l'Église d'Angleterre. Le contenu réel de ces questions, dans le cas de Pole, peut être mieux compris si l'on considère, d'une part, que sa vie aussi bien que sa patrie étaient en jeu, et, d'autre part, qu'au conclave de 1549-1550, il était le candidat favori pour la papauté et fut même considéré à un moment donné comme élu. Il faut enfin ajouter qu'on l'accusa, au cours des dernières années de sa vie, de professer une doctrine de la justification de type luthérien, et d'être lui-même un hérétique[2]. Pole se vit opposer la thèse de Sampson selon

---

1. Cette considération, présentée par Luther dans la discussion de Leipzig, recueillie par Melanchthon et ressuscitée récemment par H. Küng, demeure irréelle : une responsabilité qui n'a pas de possibilité de répondre n'est pas une responsabilité.

2. Voir à ce sujet le travail de M. Trimpe, *Grundmotive der Theologie des päpstlichen Primats im Denken Reginald Poles (1500-1558)*, thèse de doctorat, Ratisbonne, 1982. L'argumentation qui suit procède de cette œuvre. Voir aussi W. Schenk, *Reginald Pole, Cardinal of England*, Londres, 1950 ; D. Fenlon, *Heresy and obedience in Tridentine Italy. Cardinal Pole and the counter reformation*, Cambridge, 1971.

laquelle le ministère pontifical s'oppose à l'*humilitas* chrétienne et ne serait pas compatible avec elle dès son origine même. C'est exactement la même théorie que nous venons de présenter, sous une formulation un peu différente, comme l'argument central du christianisme protestant dans son ensemble[1]. De son côté, Pole ne doute pas que la négation du principe primatial ne dissolve pratiquement la structure néotestamentaire et ne rétablisse l'exclusivité du pouvoir séculier. Ainsi, il dit de Sampson que celui-ci, « curieusement », ne peut pas s'imaginer d'autre pouvoir que celui qui tue le corps, « et peut dérober à une personne ses biens extérieurs[2]... ». Dans le cas particulier de l'Angleterre, la négation de la papauté signifiait la transmission à l'État de l'ordre extérieur de l'Église, l'institution d'une Église d'État et, parallèlement à la domination du pouvoir séculier sur l'Église, l'élimination du martyre. Pour Pole, au contraire (et c'est le véritable motif, psychologique et théologique à la fois, pour lequel Pole devint un défenseur de la papauté), les martyrs sont l'indicateur manifeste de l'endroit où se trouve l'Église. Les martyrs, qui opposent au christianisme national-royal la foi en l'unité supranationale de l'Église universelle et en sa Tradition, sont les indicateurs qui nous signalent la position que doit prendre le chrétien dans cette bataille. Cela signifie deux choses :

a) Chez Pole, les martyrs et la théologie du martyre offrent un accès à une théologie de la primauté. Le cardinal met ainsi le doigt sur le noyau chrétien primitif de la théologie de la primauté, tel qu'il apparaît dans *Jn* 21,18s. On ne peut mourir que personnellement. La pri-

---

1. Voir W. Trimpe, *op. cit.*, chap. II, § 2, p. 137, et note 51, p. 412.

2. R. Pole, *Pro ecclesiasticae unitatis defensione libri quatuor* (Rome s.a. [1553-1554], 15 r 27).

mauté comme témoignage de la confession du Christ doit être d'abord comprise, à partir du témoignage attesté personnellement dans le martyre, comme authentification du témoignage pour le Crucifié, victorieux sur la Croix ;

b) la primauté, fondée sur cette théologie du martyre, garantit la présence de l'Église dans son unité catholique face à un pouvoir séculier qui est toujours particulier[1].

Dans ce contexte, il faudrait se demander quel contenu réel peut être attribué à la théologie pétrinienne si l'on ne considère pas la *Successio Petri* comme son accomplissement historique ; en effet, ces versets du Nouveau Testament existent et réclament une explication. Du point de vue historique, on peut trouver quatre réponses, et il ne me semble guère probable qu'on puisse en trouver d'autres. Les possibilités paraissent épuisées, quand bien même on pourrait y introduire certaines variantes.

La *première* réponse est celle de la tradition romaine de Pierre.

La *deuxième* réponse a été donnée par l'ancienne théologie byzantine des Vᵉ et VIᵉ siècles, qui se réfère à *Mt* 16,16-19, ainsi que toute la tradition des pleins pouvoirs associée, au nom de Pierre, à l'empereur. Cette réponse n'a probablement jamais plus été reproposée de manière aussi explicite, mais elle apparaît toujours, en substance, quand se forment des modèles d'Église d'État[2].

On peut trouver une *troisième* réponse chez Théodore le Studite, qui ne la considère cependant pas comme une

---

1. Je résume dans ces deux points la thèse que j'entendais développer dans mon exposé. Il ne s'agit pas du tout d'une « utopie réelle », comme il le sembla à certains de mes auditeurs.

2. Voir, dans ce contexte, le matériel apporté par A. Grillmeier dans sa contribution *Auriga Mundi* in « Mit ihm und in ihm », *op. cit.*, pp. 386-419, en particulier p. 407.

solution exclusive de la question. Théodore considère que la Parole s'accomplit dans les moines, les « spirituellement spirituels [1] ». Nous avons ici une solution « pneumatologique » qui possède pour ainsi dire une valeur comme dimension intérieure de la solution, mais qui ne saurait subsister par elle-même.

Une *quatrième* réponse, en germe chez saint Augustin et élaborée de manière conséquente pendant la Réforme, considère la foi de la communauté comme *petra* (pierre) dans laquelle les prophéties sont accomplies. Mais on n'élucide pas de cette manière ce qui fait la spécificité de ces textes [2].

Il faut donc dire que seuls demeurent en réalité les deux premiers termes du choix. Mais de deux choses l'une : ou bien (comme le disait Pole) on attribue à l'État le pouvoir séculier unique et tout-puissant, ou bien, selon la solution romaine, on érige la papauté en vis-à-vis, à la fois impuissant et puissant, du pouvoir séculier. Cela reste vrai, même si l'on a vu apparaître continuellement au cours de l'Histoire des tentatives visant à revêtir l'impuissance de cette seconde « puissan-

---

1. Voir P. Kawerau, *Das Christentum des Ostens* (Stuttgart, 1972), p. 107 sq. : « La vénération pour Basile de Césarée, au cours des époques postérieures, fut si grande qu'on l'appelait le deuxième Pierre. Ainsi, Théodore le Studite écrit : "Tu brillais dans la lumière de ta vie resplendissante… ; tu as toi-même recueilli les clés comme un nouveau Pierre et tu es le gardien de l'Église tout entière." Théodore était convaincu que le monachisme fondé par saint Basile était le fondement de l'Église, et l'Histoire a confirmé en grande partie la justesse de cette conviction. »

2. Voir à ce propos les explications de F. Müssner, *op. cit.*, ainsi que son livre *Petrus und Paulus : Pole der Einheit* (Fribourg-en-Brisgau, 1976). Pour le diagnostic exégétique, voir aussi les contributions de H. Zimmermann, R. Schnackenburg, G. Schneider et J. Ernst in A. Brandeburg, H.J. Urban (éd.), *Petrus und Papst* (Münster, 1977), pp. 4-62.

ce » d'un pouvoir séculier – tentatives qui, même si elles pouvaient l'occulter et la mettre en péril dans sa spécificité, ne parvinrent jamais à la dissoudre.

Revenons à Pole. Avec l'approche martyriologique, la réponse fondamentale à la question de Sampson, à notre question, est déjà donnée : le vicariat du Christ est un vicariat de l'obéissance et de la Croix ; il est ainsi fait à la mesure de l'homme, et il le transcende en même temps, tout comme l'existence chrétienne en général[1].

2. Esquisse d'une notion de la primauté selon la perspective martyriologique

Pour mieux nous faire comprendre, nous mettrons en évidence certains traits caractéristiques de l'image du pape selon Pole, et nous chercherons en même temps à dire comment devrait être un pape, aujourd'hui et toujours. Pole, candidat à la papauté, s'est trouvé confronté de manière immédiate à ce problème. Nous nous trouvons dans une situation unique où, dans un bref écrit – *De Summo Pontifice* – composé pendant le conclave à l'intention de son protégé, le jeune cardinal Giulio della Rovere, un candidat à la papauté fixe ses pensées, son combat intérieur à propos de cette charge éventuelle[2]. Dans cette espèce de manuel d'un pape, Pole entendait dispenser une aide au jugement de son protégé. Il nous offre aujourd'hui, comme un mémorial de son propre drame intérieur, un accès permanent à la réflexion sur

---

1. Ainsi cette description de la charge du pape est autant – et en même temps aussi peu – une utopie que toute description des exigences inhérentes à l'existence chrétienne en général.

2. R. Pole, *De Summo Pontifice Christi in Terris Vicario*, Louvain, 1569. Sur la genèse et l'importance de cette œuvre, voir Trimpe, *op. cit.*

les dimensions de cette charge dont la représentation fidèle vient également illustrer les fondements plus profonds.

C'est avec une grande rigueur christologique que Pole cherche ici la nature et le mode d'être du pape. De ce qu'est le Christ, il déduit la manière, pour le pape, de vivre la charge de l'*imitatio* (suite, imitation). Ce qui est, chez le Christ, titre de noblesse *(laudes Christi)* est, chez le pape, forme d'exigence de son imitation *(imitatio)*[1]. En ce sens, Pole utilise les versets Is 9,5s comme un manuel de la papauté, en les comprenant, selon la tradition exégétique de l'Église, dans un sens christologique. Si le Christ apparaît comme un *parvulus natus* (« un enfant nous est né »), cela signifie christologiquement que le Seigneur s'abaisse pour nous, qu'il obéit au Père, et qu'il a été envoyé par Lui. Le Christ, le « plus grand », est devenu le *parvulus*, le « tout petit ». Dans la perspective de l'imitation imposée au pape, la signification de cette réalité est la suivante : « Quand tu entends que le Christ nous est né et nous a été donné sous la forme d'un enfant, applique cela au cas de Son vicaire, à son élection. Elle est, pour ainsi dire, Sa naissance. En d'autres termes, tu dois penser qu'il n'est pas né de cette manière pour lui-même, qu'il n'est pas élu pour lui-même, mais pour nous, c'est-à-dire pour tout le troupeau... Dans la charge du pasteur, il doit se considérer et se comporter comme le tout-petit, il doit confesser qu'il ne sait rien que ce qui lui a été enseigné par Dieu le Père à travers le Christ *(cf. 1 Co 2,2)*[2]... » L'autre prophétie – « le pouvoir est posé sur ses épaules » – indique, selon Pole, que le Christ est pesamment chargé à cause de nous. L'élément dominant de cette image,

---

1. *De Summo Pontifice,* 27 r-v.
2. *Ibid.,* 28 v et 32 r-v.

d'après le cardinal anglais, n'est pas le mot « pouvoir », mais le fait de porter ce poids surhumain sur des épaules humaines. Le titre honorifique de « héros fort » est interprété par le cardinal anglais en fonction de ce que signifie en dernière instance le mot « force » dans la Bible, et il le trouve expliqué dans le *Cantique des Cantiques* : « l'amour est fort comme la mort » (8,6). La force dans laquelle le vicaire du Christ doit devenir semblable à son Seigneur est la force de l'amour prêt au martyre[1].

Dans ces titres à analyser, Pole découvre une structure qui, de nouveau, réfère tout au point de départ et révèle le noyau véritable de cette doctrine. Certains titres doivent être qualifiés de titres d'humilité et de petitesse *(parvulus datus, filius natus, principatus super humerum)*, d'autres de titres de dignité *(magni consilii angelus, princeps pacis*, etc.). Les deux catégories maintiennent entre elles une relation irréversible, en premier lieu dans le Christ lui-même, et bien davantage encore en celui qui doit, en sa foi, lui servir de vicaire : en tant que Dieu, les titres de dignité reviennent au Christ par nature ; de par Son humanité, il ne les reçoit qu'après Son humiliation. De manière analogue, pour Son vicaire, les titres de dignité ne sont efficaces et possibles que dans et à cause de l'humiliation. La participation à la dignité du Christ ne se réalise pas d'autre manière que dans la participation à son humilité, seule façon de rendre présente et de représenter la dignité en ce monde. En ce sens, la place véritable du *Vicarius Christi* est la Croix : être vicaire du Christ, c'est être debout dans l'obéissance de la Croix et être ainsi *representatio Christi* dans le temps ultra-mondain, maintenir présent Son pouvoir comme contre-pouvoir au pouvoir du monde[2].

---

1. *Ibid.*, 52 r-v.

2. *Ibid.*, 55 r : « *... nemo possit sequi Christum in iss quae ad* gloriam spectant : nisi prius illum sequutus sit in eo, quod in homi-

De manière analogue, Pole identifie, dans le cas du pape, *sedes* (siège apostolique) avec « croix », en relation avec Pierre et en partant de lui. À la question de Della Rovere : « Quelle ressemblance y a-t-il entre le siège de Pierre, sur lequel est assis le vicaire du Christ, et la Croix sur laquelle le Christ fut cloué ? », il répond de la manière suivante : « Cela, nous le comprendrons sans difficulté lorsque nous aurons compris que le siège du vicaire du Christ est celui que Pierre a établi à Rome quand il y a implanté la Croix... Pendant tout son pontificat, il n'en est jamais descendu, mais, – exalté avec le Christ – selon l'Esprit, ses mains et ses pieds y étaient tellement fixés qu'il ne voulait pas aller là où sa propre volonté le poussait, mais voulait rester à l'endroit où le maintenait la volonté de Dieu *(cf. Jn* 21,8), où il savait qu'étaient attachés son esprit et ses pensées [1]... » Dans le même sens, le cardinal anglais déclare dans un autre passage que « la charge papale signifie la Croix, et la plus grande Croix imaginable. Car qu'est-ce qui ressemble plus à la Croix... que la préoccupation et la responsabilité envers toutes les Églises du monde ? ». Il rappelle ici Moïse, gémissant sous la charge de tout Israël, qu'il ne pouvait plus porter mais devait malgré tout continuer à porter [2]. Être lié à la volonté de Dieu, à la parole dont on est le messager, c'est, d'après *Jn* 21, être lié et conduit contre sa volonté personnelle. Ce fait d'être attaché à la parole et à la volonté de Dieu, c'est ce qui transforme la

---

num oculis nullam gloriae speciem obtinet. *Cf.* aussi 43 r : « *... hanc praeclaram Christi personam... a nemine referri posse : qui non Christum ante in prioribus illis infirmitatis titulis... fuerit imitatus.* »

1. *Ibid.,* 132 v. 133 r.

2. *Ibid.,* 133 v : « *... munus ipsum Pontificatus Crucem esse et quidem omnium maximam. Quod enim magis ad Crucem et sollicitudinem animi (pertinere) dici potest, quam universarum orbis terrae Ecclesiarum cora atque procuratio ?* » *Cf. ibid.,* 50 v 1.

sedes en Croix et atteste ainsi le vicaire en tant que tel, debout à l'endroit de l'obéissance, responsable personnellement de Celui dont il doit, par sa charge et sa responsabilité, annoncer la mort et la résurrection. Dans cette charge est représentée l'Église entière par un lien personnel qui lie au nom de celui qui est lié...

Ce lien personnel, qui constitue le cœur de la doctrine de la primauté, ne s'oppose donc pas à la théologie de la Croix ni à l'*humilitas christiana*[1], mais en est la conséquence et le point d'ultime concrétisation. Elle constitue en même temps une opposition explicite au pouvoir du monde comme pouvoir unique, et signifie l'érection du pouvoir de l'obéissance contre le pouvoir du monde. Le titre de vicaire du Christ est profondément ancré dans la théologie de la Croix et constitue donc une exégèse de *Mt* 16,16-19 et de *Jn* 21, 15-19, dans le sens d'une unité interne. Ce lien que l'on doit considérer comme caractéristique du ministère pontifical, selon *in* 21,15-19, aura aussi pour conséquence que cette insertion dans la volonté de Dieu, déclarée dans la parole de Dieu, signifie aussi une insertion dans le *nous* de l'Église tout entière : collégialité, et primauté sont en mutuelle référence. Mais elles ne se dissolvent pas l'une dans l'autre de telle manière que la responsabilité personnelle finisse par disparaître dans des assemblées anonymes. C'est justement par leur inséparabilité que la responsabilité personnelle sert d'unité, et qu'elle la réalisera d'autant mieux, sans doute, qu'elle restera plus fidèle à son contenu de théologie de la Croix. Ainsi, Pole soutenait la thèse selon laquelle la personne la plus apte à être pape serait celle qui s'imposerait le moins d'après les

---

1. Dans ce cas, *humilitas* ne signifie pas simplement l'humilité en tant que vertu morale, mais l'acceptation objective du fait que la Justice ne soit pas le résultat d'un accomplissement personnel, mais le fruit de la grâce qui justifie.

critères humains de la sélection des candidats : la prudence et la capacité de domination. Plus une personne est semblable au Seigneur et s'impose ainsi objectivement comme candidat, moins la raison humaine la considère apte au gouvernement, car la raison ne peut accepter l'humiliation et la Croix[1].

CONCLUSION :
UN APERÇU DE LA SITUATION
DE LA CHRÉTIENTÉ

Il serait certainement naïf d'espérer, pour un proche avenir, une entente commune de tous les chrétiens au sujet de la papauté dans le sens d'une reconnaissance de la succession de Pierre à Rome. Peut-être le fait même que ce ministère ne puisse jamais être pleinement accompli fait-il partie de ses liens et limitations nécessaires, tout comme le fait qu'il ait à faire l'expérience de l'opposition de croyants chrétiens qui mettent en évidence ce qui n'est pas en lui pouvoir vicaire, mais pouvoir personnel. Or, c'est justement ainsi qu'une fonction unifiante du pape pourrait devenir efficace hors du cadre de la communauté de l'Église catholique. Certains s'opposent à la revendication du ministère pontifical d'être le point de référence d'une responsabilité envers la parole de la foi portée et exprimée personnellement devant le monde entier. Mais, même pour eux, le pape reste un point de référence et constitue ainsi une incitation perçue par tous, concernant tout un chacun, à rechercher une plus grande fidélité à cette parole, à lutter pour cette

---

1. *De Summo Pontifice*, 79 r-v ; 82 r ; 90 r.

unité et à se sentir responsable du manque d'unité. En ce sens, il existe, même dans la séparation, une fonction unifiante de la papauté que personne ne pourrait éliminer, ne serait-ce que mentalement, du drame historique de la chrétienté. Pour le pape et pour l'Église catholique, les critiques adressées à la papauté par la chrétienté non catholique constituent un stimulant pour rechercher une forme de réalisation du ministère de Pierre qui soit toujours plus conforme au Christ. Pour la chrétienté non catholique, par contre, le pape constitue un constant et visible défi à réaliser de manière concrète l'unité, qui est la mission de l'Église et devrait être son signe de distinction face au monde. Qu'il nous soit possible, de part et d'autre, d'accepter la question qui nous est posée et la charge qui nous est imposée. Que nous devenions ainsi, dans l'obéissance au Seigneur, ce lieu de paix préalable au monde nouveau, le royaume de Dieu.

LA PROFESSION DE FOI

Un colloque ayant pour thème la « Mission de l'Église en dehors de la chrétienté » réunissait l'Académie évangélique de Tutzing et l'Académie catholique de Bavière, à Tutzing, du 1ᵉʳ au 3 avril 1966. Joseph Ratzinger, à l'époque professeur de dogmatique et d'histoire des dogmes à l'université de Münster, prononçait cette intervention. Ce fut aussi l'occasion pour des théologiens appartenant aux deux confessions de se pencher sur les défis essentiels auxquels la chrétienté est confrontée dans ses relations avec les religions non chrétiennes compte tenu de leur voisinage de plus en plus immédiat.

LE PROBLÈME DE L'« ABSOLUITÉ »
DE L'HISTOIRE DU SALUT CHRÉTIEN [1]

L'expérience de la relativité de toute réalité humaine et de toute réalisation historique fait partie des certitudes intellectuelles marquantes de notre époque. La rencontre de l'humanité avec son histoire ainsi qu'avec certains de ses membres ayant jusqu'alors vécu isolés les uns des autres, a montré, de manière troublante, d'une part l'unité du genre humain et, d'autre part, la relativité et l'assujettissement historique de toutes les entreprises et organisations humaines. Tout ce qui fut tenu pour unique se découvre un équivalent et tout ce qui fut considéré comme absolu apparaît dans sa contingence temporelle. La chrétienté ne fait pas exception : elle apparaît relativisée autant par l'espace limité qu'elle occupe dans l'histoire que par son rapport étroit avec l'histoire religieuse de l'humanité. Cette connaissance de l'enchevêtrement de la chrétienté dans l'histoire religieuse et intellectuelle de l'humanité fait quasiment disparaître sa caractéristique unique, voire l'occulte

---

1. De par le caractère nécessairement schématique des explications qu'impose une conférence, nous devons renoncer à une présentation exhaustive de références spécialisées.

complètement ; les chrétiens d'aujourd'hui se trouvent alors face à des interrogations cruciales qui remettent en cause leur foi de manière apparemment irrémédiable. La découverte de la portée relativisante de l'histoire, qui nous atteint dans un monde devenu pour ainsi dire physiquement trop étroit, alliée à celle de l'infinie étendue du cosmos, qui semble se moquer de tout anthropocentrisme, constituent le ferment principal de la crise de la foi à laquelle nous sommes confrontés. C'est pourquoi la question du rapport qu'entretient la chrétienté avec les diverses religions présentes dans le monde est devenue aujourd'hui centrale et incontournable pour le croyant : il ne s'agit pas d'un simple divertissement de notre curiosité qui chercherait à échafauder une théorie du destin des autres religions – Dieu seul décide de leur destin et nos spéculations ne lui sont d'aucun secours. S'il ne s'agissait que de ce genre d'amusement, nos interrogations seraient vaines et déplacées. Non, ce qui est d'abord en jeu aujourd'hui, c'est le sens que prennent pour nous « pouvoir croire » et « devoir croire ». Les religions du monde interpellent désormais la chrétienté, elles l'obligent à repenser son affirmation, ce qui a le mérite de l'amener à clarifier ses fondements ; cette clarification, dès qu'on l'initie, laisse pressentir au chrétien comment de telles religions s'inscrivent nécessairement dans l'histoire du Salut.

Mais venons-en à notre sujet lui-même, il est si vaste que l'on ne peut ici qu'en brosser quelques aspects.

I. REMARQUES SUR LA QUESTION DE L'« ABSOLUITÉ » DE LA CHRÉTIENTÉ.

Si nous qualifions la foi chrétienne d'« absolue », suivant l'acception moderne du mot, il est tout d'abord utile d'approfondir le sens et l'utilisation de ce terme[1]. Étymologiquement, il signifie « sans lien », il désigne donc une réalité qui peut exister indépendamment de toute autre, en soi et pour soi. Il est clair qu'une telle affirmation n'est pas conforme à la véritable affirmation de la foi chrétienne. Elle n'existe pas pour elle, mais pour l'autre et aussi dans l'échange avec l'autre ; la foi provient de l'autre, qu'elle intègre et continue de porter toujours en elle, bien qu'elle soit déjà plus que son simple produit et qu'elle soit en substance « nouvelle » (une comparaison avec le processus de l'évolution s'impose : l'homme provient en totalité de ce qui a été, porte en lui ce qui a été, et il est pourtant par nature différent et plus que cela).

Mais « absolu » peut signifier ensuite qu'une chose, qui existe pour soi, ne peut être regroupée avec d'autres sous un même concept. L'« absoluité » signifierait alors que la foi chrétienne ne pourrait être intégrée dans une notion générique d'ensemble englobant les autres religions, si bien que chaque religion prise séparément serait de nature différente. En fait, nous ne cessons, de manière plus ou moins consciente, d'être influencés par cette idée, vraiment, et même la dogmatique en fait aussi les frais quand elle cherche à interpréter l'essence du martyre chrétien à partir d'une notion générale du martyre et l'essence de la fonction sacerdotale à partir d'une

---

1. Cf. H. Fries, « Absolutheitsanspruch des Christentums » *Lexikon f. Theol. u. Kirche*, pp. 171-174 ainsi que la bibliographie.

conception générale du sacerdoce. Il faut s'inscrire en faux contre une telle approche non seulement d'un point de vue théologique mais aussi purement phénoménologique. Les phénomènes eux-mêmes n'autorisent aucune définition générale de la religion qui les engloberaient toutes définitivement. La philosophie de la religion renoncera, bon gré mal gré, à la généralisation de toute philosophie et devra accepter la résistance des phénomènes inclassables dans une même catégorie. Une religion athée telle que le bouddhisme se refuse à toute définition commune avec les religions théistes occidentales. Et personne n'a le droit de considérer comme seule « religion » les religions occidentales, ce que nous avons pourtant fortement tendance à faire. Marquons les différences les plus frappantes par quelques formules inévitablement schématiques[1]. La religion théiste est axée sur le « personnel », c'est-à-dire que le sommet de l'être, le divin lui-même, est « personne » ; la personne est une valeur ultime, suprême qui ne souffre aucune surenchère, aucune remise en cause et aucune escalade. En revanche, la dévotion asiatique situe pour une grande part, l'absolu au-delà de la personne ; ne pas dépasser la personne, reviendrait précisément à perpétuer le désir d'être qui est la source de la souffrance ; dépasser la personne, se dissoudre dans le néant pur de l'être pur c'est le but ultime de l'homme pieux. Voilà une autre antinomie relevée que l'on pourrait avec Cuttat cerner par les concepts de « séparation » et d'« unité ». Tandis que, dans la pensée théiste, le face-à-face irréductible du créateur et de la créature relève de l'union qui engendre

______

1. Les analyses suivantes s'inspirent avant tout des travaux de J. A. Cuttat, et en particulier de *Begegnung der Religionen* (Einsiedeln, 1956). Cf aussi mon essai « Der christliche Glaube und die Weltreligionen », dans : *Gott in Welt II* (Hommage K. Rahner 1964), pp.187-305.

l'amour, la mystique asiatique, elle, suppose la fusion indissoluble dans l'identité de l'Un, qui est tout à la fois, qui est le but unique et suffisant de l'aspiration au divin. Mais où se situe la foi chrétienne – la question s'impose à nous maintenant ? Il est évident qu'elle ne se range pas du côté de la mystique asiatique de l'identité. Devons-nous la considérer pour autant comme une variante du type occidental ? La question est difficile. Il serait prématuré de vouloir y répondre dès maintenant. Pour aller plus avant, permettez-moi d'anticiper un peu en citant un extrait des réflexions de J.A. Cuttat sur ce sujet, que je vais faire figurer ici pour l'instant sans plus d'explications. Nous reviendrons dessus après quelques considérations afin de pouvoir l'apprécier à sa juste valeur. Cuttat considère la foi chrétienne comme un trait d'union entre l'Orient et l'Occident, lorsqu'il dit : « À l'endroit où l'Orient et l'Occident se rencontrent et se séparent, se dresse la croix du nouvel Adam. [...] Jusqu'au moment où Dieu s'est fait homme, l'intériorité et la transcendance, le reploiement intellectuel et l'amour facteur d'unité semblaient séparés par une antinomie irrésoluble. En dehors de l'incarnation, l'Orient et l'Occident restent irréconciliables. Mais lorsque l'accomplissement des temps fut venu, l'abîme fut franchi au sein de cette vie trinitaire et aussi franchissable en nous parce que Dieu avait envoyé dans notre cœur l'esprit de son fils, qui s'écrie : « Abba, père[1] ! »

Avec ce que nous venons de dire, il devrait être clair que, pour progresser dans notre réflexion, il va nous falloir comprendre l'enjeu de l'affirmation chrétienne en la considérant de l'intérieur, bien que la question, qui nous préoccupe actuellement, concerne ses relations avec l'extérieur, c'est-à-dire avec les autres religions. Partons de

____

1. *Begegnung der Religionen*, p. 83 et suivantes

l'Ancien Testament. Qu'apporte-t-il de radicalement différent par rapport aux religions des peuples du monde ? On pourrait aborder le sujet sous plusieurs angles ; essayons de le faire – de nouveau à grands traits – à partir de l'image de Dieu. On peut dire que Iahvé, le Dieu d'Israël, n'est pas un *numen locale* comme on en trouve une multitude à la ronde, mais un *numen personale* ; pas le Dieu d'un lieu, mais le Dieu des hommes, le Dieu d'Israël, le Dieu des Pères. Ce qui signifie que, dans un monde foisonnant de divinités, dans lequel le simple mot « Dieu » n'évoque rien, tant qu'on ne lui ajoute pas un qualificatif permettant de l'identifier, dans un monde où le lieu et le nom sont donc nécessaires pour savoir à qui on a affaire – dans ce monde-là, le Dieu d'Israël ne se distingue pas par le lieu mais par la personne. Ce n'est pas le Dieu de Bethel, du Sinaï ou de Canaan, mais le Dieu des Pères : Abraham, Isaac et Jacob. Un fait tout à fait simple et apparemment vraiment banal met en évidence une différence essentielle qui distingue radicalement le Dieu d'Israël des autres dans le paysage historico-religieux : ce Dieu n'est pas une puissance immanente de la fertilité, un amalgame puissant de forces mystérieuses, inquiétantes et attirantes à la fois, mais il règne en maître sur le monde. Il n'est lié à aucun lieu, il peut venir en aide aux siens où qu'ils se trouvent. Il peut protéger la femme d'Abraham en Syrie tout aussi bien que dans la maison de pharaon, oui, il peut protéger Caïn dans le monde entier de tous ceux qui veulent attenter à ses jours. Il lègue en héritage à son peuple de Canaan le pays de Baal et s'il le peut c'est parce que le monde lui appartient dans sa totalité. Celui qui adore Iahvé n'a pas besoin d'adorer une divinité différente de place en place. Où qu'il se trouve, se trouve aussi Iahvé en mesure de l'aider – car Iahvé est *son* Dieu, le Dieu des hommes.

Cette idée a un corollaire d'une très grande importance : Iahvé, qui n'est pas le Dieu d'un lieu, n'est jamais devenu le Dieu du temple de Jérusalem, mais, au fil du temps, il a été de plus en plus reconnu comme le Dieu universel, lequel est libre de détruire aussi le Temple, *son* temple ! Il n'est jamais devenu le Dieu de la Terre Promise, il est resté le Dieu qui peut distribuer les terres sans être lié à aucune ni en avoir besoin. Il n'est pas le Dieu de la fertilité, une puissance qui féconde la terre, mais le Dieu de l'univers qui est *aussi* source de fertilité... Cela signifie enfin et avant tout aussi qu'Il n'est pas le dieu du peuple d'Israël mais le Dieu unique du monde, Dieu qui peut élire et rejeter des peuples. Le caractère paradoxal presque dramatique de la religion d'Israël réside en ceci : ce peuple a fait du Dieu universel un Dieu national, or le Dieu national d'Israël n'est pas un Dieu national mais justement le Dieu universel non national qui a élu ce peuple dans un acte d'amour libre, mais Il est le Dieu et le Père de tous les peuples comme Il est le créateur du ciel et de la terre. De cela résulte ensuite le formidable universalisme de la religion d'Israël qui constitue le fondement réel de son « absolutisme » : au premier plan, se situe le Dieu unique qui rassemble bien avant la terre « mère » qui divise. Voilà une approche radicalement opposée à toute la pensée antique, car elle marque l'émergence de l'unité de l'humanité de tous les hommes, ce qu'un Platon n'a pas découvert[1]. Il y aurait beaucoup à dire à ce sujet, mais nous nous contenterons à cet endroit de donner quelques repères. Souvenons-nous d' « Adam », qui réunit l'homme et l'humanité en un seul concept traduisant avec concision le fait que tout homme, quel que soit

---

1. Cf. J. Ratzinger, *Christliche Brüderlichkeit* (Münich 1960) p.15 et suivantes. J. Deissler, Gott, dans : J.B. Bauer, Bibeltheologisches Wörterbuch (Graz, 1959), pp.352-358.

l'éloignement dans lequel il peut évoluer, est *un* « homme » et le demeure ; cette idée est encore une fois réaffirmée dans la figure de Noé et dans la longue énumération des peuples de la Genèse (10), qui souligne leur irrévocable unité au moment où ils se séparent. Il faudrait en outre se souvenir de la création de l'homme à l'image de Dieu, une conception qui met en relief les traits saillants l'identité de l'être de l'homme, commune à tous ; cette conception est reprise dans l'histoire de Noé, dans l'idée de l'alliance offerte à tous les hommes. L'exégèse récente a enfin exhumé le sens historique universel du récit d'Abraham, en particulier, la voie qu'il ouvre vers une « histoire spécifique du salut » : l'humanité ne sera pas abandonnée au profit d'un particularisme électif, au contraire la recherche du salut s'applique à chaque être unique pour, à partir de lui, s'étendre à l'ensemble[1].

Essayons de faire la synthèse de ces réflexions !

Il faut distinguer deux choses :

a) Israël a osé adorer l'absolu en tant que tel sous la forme d'un Absolu personnel. C'est en cela, et uniquement en cela, que réside la différence radicale avec le polythéisme et c'est là qu'advient la victoire historique décisive sur le polythéisme[2]. Car le polythéisme n'est pas l'affirmation d'une multiplicité d'absolus (comme nous le supposons naïvement habituellement) ; il repose beaucoup plus sur l'idée qu'on ne peut lui adresser la parole. Et le monothéisme ne se distingue pas du polythéisme parce qu'il reconnaîtrait l'unité de l'absolu (celle-ci est une donnée fondamentale de la conscience que le matérialisme conserve dans sa représentation de l'absoluité de

---

1. G.v. Rad, *Theologie des Alten Testaments I* (Münich 1958), pp.165-168.

2. Cf. J. Ratzinger, *Der Gott des Glaubens und der Gott der Philosophen* (Münich-Zürich 1960).

la matière) ; la différence réside beaucoup plus dans la croyance qu'on peut s'adresser à l'absolu et qu'il peut s'adresser à nous. Si l'on songe à cela, on s'aperçoit alors des liens étroits qu'entretient la conscience moderne avec les présupposés fondamentaux du polythéisme ; on s'aperçoit aussi de la grande tentation que le polythéisme représente à nouveau pour nous aujourd'hui...

On touche en outre ici du doigt le point de rencontre entre le polythéisme du monde antique et les religions asiatiques qui présentent par ailleurs, bouddhisme compris, une multitude de divergences à bien des égards. Pour les religions d'Asie aussi (si tant est qu'on puisse se permettre une telle généralisation), l'absolu divin se situe au-delà de la personne ou est impersonnel. Cela explique qu'il ne puisse être le destinataire d'actions religieuses positives. Il serait absurde de les lui destiner puisqu'il n'a pas la possibilité de les percevoir. Ces actions religieuses positives ne s'adressent toujours qu'à des représentations finies de l'absolu, qui en donnent une image relativement exacte et qu'on devrait désigner par le mot « divinités », puisqu'elles ne sont pas Dieu (même pour le polythéisme, la définition de la « divinité » exclut la notion de Dieu). Toutes ces actions religieuses positives, du fait qu'elles ne s'adressent pas à l'ultime mais à l'avant-dernier, demeurent pénultièmes. Les religions asiatiques ont, bien entendu, déjà envisagé cette question et en ont tiré les conséquences qui s'imposaient. Nous allons les évoquer maintenant. Mais auparavant, il faut encore faire une remarque préalable. Nous avons dit que la foi d'Israël a ceci de spécifique qu'elle s'adresse à l'absolu sous une forme personnelle et que, de plus, elle s'adresse à Dieu et non aux dieux : c'est bien elle qui est à l'origine de cet événement. Autrement dit : la piété d'Israël suppose d'emblée la chute des dieux. C'est dans cette mesure qu'une négation des dieux est inhérente à l'absoluité positive décrite plus haut et à l'universalité de sa foi. Une négation des dieux qui ne devraient pas s'appeler des dieux puisqu'ils ne sont pas Dieu. C'est dans ce contexte que se fonde l'alliance entre le christianisme primitif et la pensée philosophique grecque. Le christianisme se situe dans le prolongement des Lumières grecques, mais pas de la religion grecque qui est d'emblée rejetée et doit être rejetée[1].

Nous venons d'esquisser la position particulière qu'occupe la foi d'Israël face au polythéisme du monde antique dont la signification se retrouve dans le polythéisme latent de notre époque. Le fait que l'on puisse s'adresser à l'absolu et que celui-ci puisse s'adresser personnellement à nous est devenu à nouveau la question qui divise la foi chrétienne et le monde moderne, à tel point que la spécificité essentielle de l'affirmation chrétienne et le caractère polythéiste de l'athéisme moderne apparaissent à nos yeux d'une manière frappante. Surgit en même temps l'importante question de la mission apostolique (essentielle aussi dans le cadre de la théologie des religions) : la nécessité de la chute des dieux.

b) Les Lumières grecques et le prophétisme en Israël représentent deux façons d'en découdre avec le polythéisme. Le mouvement bouddhiste en Asie s'est posé au même moment la même question. Pour comprendre, nous devons partir du fait que le polythéisme lui-même est conscient, lorsqu'il vénère « les dieux », de ne vénérer ni Dieu ni l'absolu en lui-même (cela ne s'applique pas seulement au polythéisme lorsqu'il en arrive au stade de la réflexion, mais aussi dès le stade des religions dites primitives, avec leur mélange caractéristique de polythéisme et de monothéisme). Il n'est pas rare de voir

---

1. En passant à côté de cet aspect des choses, la théologie à la mode aujourd'hui, ne distingue pas la structure fondamentale de la foi.

émerger l'idée que les actes religieux positifs adressés aux dieux, ne sont qu'avant-derniers parce que leur destinataire n'est qu'avant-dernier et non dernier. La religiosité asiatique ajoute encore à cela que l'ensemble de la religiosité positive n'est qu'avant-dernier, puisque le dernier n'est que négation, néant pur conçu comme une libération de l'avant-dernier avant la dissolution dans le dernier. L'idée de l'absolu opère ici un tournant qui ne découle pas nécessairement de l'approche polythéiste et qui n'existe pas encore dans le contexte grec. Le monde (et l'homme avec lui ainsi que tout ce qui est personne) est conçu comme l'apparence finie de l'infini, seulement comme l'apparence et non comme son être. C'est ici que se produit le renversement : si le monde n'est qu'apparence, il n'est en fin de compte rien de particulier comparé à l'absolu unique qui est la seule réalité. L'absolu conserve l'identité de l'être pur et unique dont une apparence vide nous sépare. C'est ici que va être poussée à l'extrême l'opposition à la foi d'Israël : entre Jahvé et sa créature, il n'existe pas d'identité commune, mais simplement un face-à-face de question-réponse. Et nous voilà revenus à notre point de départ, à la question du caractère ultime de la personne, du verbe...

Nous constatons bien ici l'actualité manifeste des positions antagonistes : une identité, conçue à la fois comme la relativisation de la personne et de la parole, inclut la relativisation de toutes les affirmations religieuses et suppose son caractère symbolique : « Une seule et unique lune se reflète sur toutes les ondes », dit un proverbe du bouddhisme Zen[1]. Ce n'est pas difficile à comprendre ! On rencontre chez beaucoup de nos contemporains cette vision du monde, qui offre aux

---

1. Emprunté à H.R. Schlette, *Colloquium salutis-Christen und Nichtchristen heute* (Cologne 1965), p.63.

chrétiens une manière de résoudre enfin le problème religieux. La foi d'Israël est inconciliable avec de telles propositions ; elle ne se résout pas dans une telle harmonie des symboles qui repose sur la relativisation de la personne et de la parole. Sa position trouvera son prolongement et son affirmation dans la foi en Jésus-Christ, à laquelle nous arrivons enfin. Le face-à-face avec Dieu a trouvé une irrévocabilité sans appel dans l'homme Jésus ; le Dieu à visage humain, ne peut être qualifié de « Un et Tout » supra-personnel. Son être « personne » et sa « parole » se sont concrétisés de manière presque provocatrice. Le choix chrétien fondamental et le caractère inéluctable de sa prétention à l'absoluité, qui repose sur l'absoluité de la personne, se manifeste là de manière frappante.

c) Le renouvellement chrétien de l'Ancien Testament signifie donc d'abord que le face-à-face avec Dieu, avec son être « personne » se traduit de manière tout à fait réelle et concrète dans le Christ.

Cependant, lorsque la foi chrétienne porte la contradiction à son point extrême, elle devient le lieu où se dépasse la contradiction, où s'ouvre la voie vers l'unité, dans un sens néanmoins radicalement différent de celui en vigueur dans l'universalisme du symbolisme asiatique. Car le Christ n'est pas un simple « face-à-face » de l'homme et de Dieu, il est ré-union : ré-union de Dieu et de l'homme, ré-union de l'homme à l'homme, que Paul exprime dans toute sa radicalité, en laissant derrière lui la mystique asiatique de l'unité : « Car tous vous ne faites qu'un dans le Christ Jésus » (Ga 3 : 28). Nous voilà revenus à ce que disait Cuttat, à notre point de départ : « À l'endroit où l'Orient et l'Occident se rencontrent et se séparent, se dresse la croix du nouvel Adam qui ente deux pièces de bois distinctes et rassemble deux mondes distincts. "Car c'est Lui qui est notre paix, lui qui des deux peuples n'en a fait qu'un, détruisant la barrière qui les séparait, supprimant en sa chair la haine (Ep 2 : 14)... Et les réconcilier avec Dieu, tous deux en un seul Corps, par la Croix : en sa Personne, il a tué la haine (Ep : 2 : 16)." »

II. LA QUESTION DE LA MISSION

C'est à ce point de notre exposé qu'il faudrait et que l'on devrait en fait entamer notre démarche mais j'aimerais interrompre ces réflexions sur la question de l'absoluité de la religion biblique — et je dois le faire pour aborder dans une seconde partie la question de la mission, plus exactement de la relation concrète des chrétiens aux autres religions en donnant des directions qui ne seront pas moins partielles que les premières. Nous avons vu que l'« absolutisme » chrétien est un universalisme qui s'appuie sur l'universalisme d'Israël, lequel, dépassant ses frontières nationales, prie le seul et unique Dieu de l'univers, le « Dieu du ciel » et, de ce fait, brise le carcan de la nation et démasque les dieux, ces démons qui tenaient les hommes sous leur joug[1].

Mais on doit immédiatement en regardant l'histoire se demander si, paradoxalement, cet universalisme ne se traduit pas justement dans la pratique par un particularisme imprescriptible poussé à l'extrême. La religion juive et, à sa suite, la religion chrétienne furent les seules qui ne s'intégrèrent pas dans l'empire romain tandis que les dieux interchangeables se rassemblaient dans une

---

1. Cf. J. Ratzinger, « Menschheit und Staatenbau in der Sicht der frühen Kirche », dans : *Studium generale* 14 (1961), pp.664-682.

belle paix pour former un grand panthéon. L'universalisme des religions juive et chrétienne n'a-t-il pas introduit le principe de l'intolérance dans l'histoire des religions et ce principe n'est-il pas la conséquence nécessaire de la forme judéo-chrétienne de l'universalisme ?[1]

Celui qui a suivi attentivement ces questions, aura ressenti le besoin d'apporter une précision permettant de situer dans l'histoire les positions respectives de la religion d'Israël et de la religion chrétienne. Les deux ont certes en commun de ne pas s'être laissé intégrer au panthéon romain. Cela est dû à la forme fondamentale du rapport qu'elles entretenaient avec Dieu. Mais c'est d'abord la religion chrétienne qui a acculé la Rome polythéiste à prendre une position hostile car la religion chrétienne menaçait le polythéisme romain, principe fondateur de l'Etat antique. La foi d'Israël ne pouvait s'insérer dans le panthéon antique mais, comme elle ne le menaçait pas vraiment non plus, elle pouvait être tolérée. (Il s'agissait vraiment ici de *tolérance* ; l'interchangeabilité des dieux repose sur leur identité secrète). Au sein de l'universalisme qu'elles partagent apparaît ainsi une différence essentielle, qui est déterminante pour le comportement de l'Église à l'égard des religions non chrétiennes. Israël était certes chargé d'éradiquer les dieux dans son propre environnement et de n'honorer qu'un Dieu, mais Israël ne se sentait pas pour mission de détrôner tous les dieux du monde entier : c'était uniquement à Dieu de s'en occuper. Israël ignorait qu'il eût pour vocation de gagner les peuples à la cause du Dieu

---

1. Cf. H.v. Glasenapp dans les différentes publications suivantes : *Die fünf großen Religionen* (Düsseldorf 1952), ainsi que *Toleranz und Fanatismus in Indien : Schopenhauer-Jahrbuch* 1960. Mise au point dans le remarquable article de P. Hacker, « Religiöse Toleranz und Intoleranz im Hinduismus », *Saeculum* 8 (1957), pp.167-179.

Iahvé : bien qu'il fût le père de toutes les nations, Iahvé avait élu Israël et en avait fait son fils « bien-aimé », le « premier né » ; et ni Israël ni les autres peuples ne s'offusquaient qu'il n'ait pas élu de la même manière les autres peuples ; ce n'est que le judaïsme tardif qui décréta que la faute en incombait aux peuples [1]. Il appartenait donc à Iahvé seul d'étendre son élection, comme il lui appartenait, à lui seul, de juger les « dieux » (Ps 82 [81]). L'idée d'une mission d'Israël vers les nations du monde apparut plus tard, sous la double forme de l'idée de la passion et de l'idée de la lumière (du signe, de la ville sur la montagne). Mais là aussi, alors que le salut des nations affleure déjà à leur conscience, il n'en demeure pas moins dans les mains de Jahvé seul. L'histoire se termine après la vision grandiose d'Isaïe et du pèlerinage des peuples vers la montagne de Sion (Is 2 : 2). Mais de cette façon, l'universalisme d'Israël demeure une simple promesse, il reste l'affaire de Dieu, qu'Israël sert en témoignant par les souffrances qu'il endure docilement et par la lumière qui émane de ces témoignages. En d'autres mots : l'universalisme d'Israël « tolère ».

Le Nouveau Testament nous propose une autre image. Selon la foi chrétienne, Dieu lui-même est entré dans l'histoire par le Christ ; en lui, ont déjà commencé les choses ultimes, la fin des temps est déjà là et le pèlerinage des nations jusqu'à la montagne de Sion se transforme en un pèlerinage de Dieu vers ses nations. L'universalisme n'est déjà plus une simple vision de ce qui va arriver mais doit, dès que l'on croit à l'actualité de la fin des temps, prendre la forme de faits concrets – c'est cela le sens de la mission. Les Pères de l'Église interprètent – en suivant l'orientation du Nouveau Testament – la venue du Christ comme un mystère du « ré-

______

1. J. Ratzinger, *Christliche Brüderlichkeit,* p.17.

union » : le péché enfermait chacun dans son égoïsme, était « Babylone », c'est-à-dire rupture des ponts de la compréhension, il imposait de manière absolue – de manière erronée et contradictoire – l'intérêt particulier dans l'égoïsme tant individuel que collectif de la nation, conduisant précisément pour cela au culte des idoles. À l'inverse, la foi est un message d'unité qui franchit toutes les frontières, facteur d'entente dans *un* esprit par-delà les frontières : « *Un* seul Seigneur, *une* seule foi, *un* seul baptême ; *un* seul Dieu et Père de tous, qui est là au-dessus de tous et par tout et en tous » (Ep 4 : 5). On peut comprendre la fascination qu'exerce un tel message et l'espoir qu'il éveille. Mais si l'on examine l'histoire de la chrétienté, force est de constater qu'une certaine contradiction existe entre l'idée véhiculée par le message et les tentatives de concrétisation. Il est certain que la proclamation de l'unité des hommes et l'effort pour la faire valoir dans un monde désuni, étaient et sont toujours une vaste entreprise – l'histoire lui doit une orientation nouvelle sur laquelle nous ne pouvons plus vraiment revenir. Mais lorsqu'on professe cela, on ne pourra pas nier cependant le danger et le malheur qu'on y risque. Grande est la tentation de l'intolérance, la tentation d'infuser une infâme absoluité au sein du monde, remettant en question l'autre ici-bas et dans l'au-delà – elle paraît vraiment insurmontable dans le contexte intellectuel de certaines époques. De ce qui fut un jour promesse naîtra – semble-t-il – un commandement : le salut des autres ne semble plus dépendre de la miséricorde divine mais du succès de l'effort de l'Église. Si cela se passait vraiment ainsi, alors on devrait évidemment considérer l'idée de mission comme un recul effrayant par rapport à l'espoir simple et pur d'Israël (c'est ici que s'enracine certainement l'engouement actuel de beaucoup de gens pour l'Ancien Testament au détriment du

Nouveau, et pas uniquement dans le cercle des admirateurs de Ernst Bloch).

En réalité, on devra dire que la mission, à partir de ce point, c'est-à-dire à partir du moment où elle aura retrouvé sa signification première, doit apprendre à mieux comprendre son rôle, ce qu'elle n'a pas suffisamment fait jusqu'à présent : ici se situe le devoir principal de la théologie moderne de la mission. J'aimerais juste ajouter brièvement deux réflexions :

1- Si on peut dire d'une certaine manière qu'en ce qui concerne l'universalisme, le passage de l'Ancien Testament au Nouveau Testament (ou plus exactement : d'Israël vers l'Église) est un chemin qui va de la promesse au commandement (le devoir de mission est un commandement qu'Israël ne connaissait pas), alors il faut replacer cette vue partielle dans la perspective fondamentale, qui veut, strictement à l'inverse, que le chemin de l'Ancien au Nouveau Testament conduise du commandement à la promesse. C'est exactement le contenu de la théologie d'Abraham que Paul expose dans le quatrième chapitre de l'épître aux Romains, là se trouve le noyau central de la prédication paulinienne. Ainsi la perspective du commandement est incluse et subordonnée dans chaque cas à celle de la promesse : le commandement ne peut exister qu'en tant qu'expression de la promesse.

2- Si l'on approfondit un peu le message du Christ, sous l'angle du devoir de mission comme à vrai dire de la pensée missionnaire des premiers chrétiens, on verra très vite que ce qui vient d'être dit ne représente pas uniquement un postulat fondamental découlant de la structure du message chrétien, mais trouve son explication et sa clarification dans la volonté de Jésus.

La prédication de Jésus ne fut pas d'abord la proclamation de l'Église des peuples, mais l'annonce du royaume de Dieu, et, de ce fait, l'universalisme resta pareillement une pure promesse dans le message même de Jésus, comme J. Jeremias l'a déjà montré[1]. La théologie ne s'est pas suffisamment longtemps penchée sur un épisode intéressant des Actes des Apôtres, constitutif de leur contenu proprement théologique : le message du royaume de Dieu livré par Jésus avait déjà été refusé une première fois par la crucifixion de Jésus. Il a été proposé à nouveau une deuxième fois après la résurrection, Israël l'a rejeté définitivement et, à partir de ce moment-là, le message ne pourra parvenir aux peuples que par son envoi sur les chemins. Nous appelons Église cet envoi par les chemins du message vers les peuples. De ce rejet du message, qui l'a privé de terre et l'a contraint à circuler, est née la mission (qui coïncide avec l'Église dans un sens très profond), la mission émerge comme la nouvelle figure de la promesse... Figure de l'universalisme chrétien, elle signifie donc simplement que la Parole, une fois rejetée hors du royaume (c'est-à-dire dans la situation d'une humanité qui, n'ayant pas trouvé son accomplissement eschatologique, mais étant en état de péché, se traduit dans le « Non » d'Israël), n'a d'autre asile que les chemins. La Parole partage la situation du Fils de l'Homme qui lui n'a rien où reposer la tête (Mt 8 : 20). Elle partage la situation de celui qui est la parole, qui est venu chez lui et que les siens n'ont pas accueilli (Jn 1 : 11). La mission est l'expression même du caractère apatride de la parole et c'est ce qui fait justement que la parole appartient à tous.

Je pense qu'une mission, qui se comprendra de plus en plus à partir de cette interprétation, ne peut contre-

---

1. *Die Verheissung für die Völker* (Stuttgart 1959).

dire l'universalisme. Elle en sera au contraire l'expression puisqu'elle sera fidèle à son sens premier. Elle ne peut pas non plus s'opposer à la tolérance : la pensée de la mission a fait tomber l'idée, allant de soi jusqu'alors, selon laquelle la religion et la société se confondraient. C'est dans le sang des martyrs qu'est née l'idée de la liberté de la profession de foi religieuse : cette liberté ne doit pas être confondue avec la relativité et l'interchangeabilité des symboles, ce qui est souvent le cas encore aujourd'hui[1]. Certes, l'Histoire a commis bien de fautes et a eu bien des torts ! Et pourtant, Dieu soit loué, le sens profond de la mission n'est jamais tombé dans l'oubli. La mission n'a manqué à aucune époque de personnalités telles que celle de Las Casas, qui ont prôné avec détermination la non-violence de la parole. C'est ainsi qu'en dépit de ses faiblesses et de ses renoncements, elle est restée la conscience des colonisateurs, le seul frein du colonialisme, le refuge de l'humain. Et elle demeura le ferment de l'unité de l'humanité : la transmission seule ne « ré-unit » pas, l'esprit seul peut le faire.

Cependant, on pourrait, au moment de conclure, être acculé à poser la question suivante : pourquoi a-t-on encore besoin de la mission, bien que la promesse demeure ? Je pense que nous devons répondre ainsi : la mission n'existe pas malgré la promesse, mais à cause d'elle, comme son expression non-violente. La mission devrait se laisser pénétrer par cette conception de la promesse qui ne supprime pas le commandement, mais lui ôte toute violence. Si nous posons systématiquement la question des fondements de la mission, il faudrait bien entendu dire beaucoup plus de choses. Comme, par exemple, qu'elle est nécessaire au mouvement de l'His-

---

1. J'ai tenté de mettre en évidence clairement cette relation dans mon petit livre : *Die letzte Sitzungsperiode des Konzils* (Cologne 1966), p.21.

toire de par sa volonté de rassemblement. Qu'elle doit exister pour la purification permanente de la chrétienté qui ne peut s'opérer que dans la rencontre avec l'autre. Qu'elle doit exister parce que les autres ont le droit d'apprendre le message qui est devenu le nôtre, et que de ce droit découle notre devoir de témoignage sans que nous devions rendre le salut des autres dépendant du résultat de nos efforts, quoique le salut des autres reste néanmoins notre devoir. En dernier lieu, nous devons avouer que la mission chrétienne ne peut rien vouloir d'autre que ce qui était la mission sacrée d'Israël : être la lumière des peuples au service de l'amour et en témoignage de la passion. Le pèlerinage de Dieu vers les peuples qui s'accomplit dans la mission, ne lève pas la promesse du pèlerinage des nations vers le salut, vers Dieu ; la promesse est la grande lumière qui nous éclaire depuis l'Ancien Testament. La mission ne fait que confirmer la promesse. Car le salut du monde repose entre les mains de Dieu, il vient de la promesse et non de la loi. Il nous reste à nous mettre au service de la promesse en toute humilité, sans vouloir être plus que des serviteurs inutiles, qui ont fait tout ce qu'ils devaient faire (Lc 17 : 10).

À la fin des années 1960, après la clôture de Vatican II et au vu des bouleversements qui s'annonçaient dans la société, il devint urgent de s'interroger sur les moyens appropriés de transmettre la foi chrétienne. Le colloque à l'intitulé provocateur « Une profession de foi tombée en désuétude » réunissait à Munich, du 22 au 24 mars 1968, l'Académie catholique de Bavière et l'Académie évangélique de Tutzing, afin d'aborder cette question concernant les deux confessions. Du côté catholique, on assista à l'intervention de Karl Lehmannn, alors assistant à l'université de Münster, et à celle de Joseph Ratzinger, titulaire à l'époque de la chaire de dogmatique à la faculté de théologie catholique de l'université de Tübingen, dont la communication est retranscrite ici.

DIFFICULTÉS PRÉSENTÉES PAR LE SYMBOLE DES APÔTRES

Les considérations suivantes n'ont pas pour but de traiter, sous l'angle de l'herméneutique, de l'histoire de l'Église, de l'histoire des religions et de l'exégèse, les questions soulevées par les articles de la profession de foi, cités ici. Cela reviendrait à se perdre dans une forêt vierge d'où l'on ne réchapperait pas de sitôt. Il s'agit plutôt de soumettre les articles à une sorte de réflexion méditative afin d'en dégager le fondement spirituel, ce qui nous amènera, par-delà toute approche scientifique, à saisir le caractère spécifique du Credo.

I. « EST DESCENDU AUX ENFERS »

Aucun article de foi peut-être n'est aussi étranger à notre conscience moderne que celui-ci. C'est cet article qui, avec ceux de la naissance virginale de Jésus et de l'Ascension du Seigneur, incite le plus à la « démythologisation », que l'on semble pouvoir réaliser ici sans danger ni scandale. Les quelques passages où l'Écriture paraît dire quelque chose à ce propos (1 P 3, 19 s ; 4, 6 ; Ep 4, 9 ; Rm 10, 7 ; Mt 12, 40 ; Ac 2, 27. 31), sont si difficiles à comprendre qu'ils prêtent facilement à des interprétations divergentes. Si donc l'on élimine complètement, en fin de compte, cette affirmation, on en retire apparemment l'avantage de se débarrasser d'une question étrange, difficile à intégrer dans nos catégories de pensée, sans se rendre coupable d'une infidélité majeure. Mais sommes-nous plus avancés pour autant ? Ne nous sommes-nous pas plutôt dérobés à la difficulté et à l'obscurité du donné réel ? On peut essayer de venir à bout des problèmes ou bien en les niant purement et simplement, ou bien en les affrontant. La première voie est plus commode, mais seule la deuxième permet d'avancer. Au lieu donc d'éluder la question, ne devrions-nous pas plutôt prendre conscience que cet article de foi, auquel est consacré liturgiquement le Samedi saint, nous concerne aujourd'hui tout particulièrement, et qu'il représente à un titre spécial l'expérience de notre siècle ? Le Vendredi saint, il nous reste du moins encore le regard sur le Crucifié, mais le Samedi saint est le jour de la « mort de Dieu », le jour qui exprime et anticipe cette expérience sans précédent de notre temps : Dieu est tout simplement absent, le tombeau le recouvre, il ne se réveille plus, il ne parle plus, au point qu'il n'est même plus besoin de le contester et que l'on peut l'ignorer sans plus. « Dieu est mort et c'est nous qui l'avons tué. » Cette parole de Nietzsche appartient au langage traditionnel de la dévotion chrétienne à la Passion ; elle exprime le contenu du Samedi saint, la descente aux enfers [1].

À propos de cet article de foi, deux scènes bibliques

---

1. Cf. H. DE LUBAC, *Le Drame de l'humanisme athée*, Spes, 1945, pp. 40-54.

me reviennent toujours à l'esprit. Il y a tout d'abord cette histoire cruelle de l'Ancien Testament, où Élie invite les prêtres de Baal à implorer de leur dieu le feu pour le sacrifice. Ils le font, naturellement sans succès. Élie se moque d'eux, exactement comme un rationaliste se moque de l'homme pieux et pense l'avoir convaincu de ridicule à sa prière reste sans effet. Le prophète interpelle les adeptes de Baal, leur disant qu'ils n'ont peut-être pas prié assez fort : « Criez plus fort, car Baal est un dieu, il a des soucis ou des affaires ; peut-être il dort et se réveillera ! » (1 R 18, 27). En lisant aujourd'hui ces railleries lancées aux fidèles de Baal, on se sentira peut-être quelque peu mal à l'aise ; on aura peut-être le sentiment que c'est *nous* maintenant qui sommes dans cette situation et que ces railleries retombent sur nous. Aucun appel ne paraît pouvoir réveiller Dieu. Le rationaliste semble pouvoir nous dire tranquillement : Priez donc plus fort, peut-être votre Dieu se réveillera-t-il ! « Il est descendu aux enfers » : voilà vraiment la vérité de notre heure, la descente de Dieu dans le silence, dans le sombre mutisme de l'absence.

Mais à côté de l'histoire d'Élie et de son correspondant néotestamentaire dans le récit de Jésus dormant au milieu de la tempête (Mc 4, 35-41), il faut mentionner également ici l'histoire des disciples d'Emmaüs (Lc 24, 13-35). Les disciples bouleversés parlent de la mort de leur espérance. Pour eux, il est arrivé quelque chose comme la mort de Dieu : le point où Dieu semblait enfin avoir parlé, est éteint. L'envoyé de Dieu est mort, et c'est le vide total. Plus aucune réponse. Mais alors qu'ils parlent ainsi de la mort de leur espérance et n'arrivent plus à voir Dieu, ils ne remarquent pas que cette espérance même se trouve vivante au milieu d'eux. Ils ne se rendent pas compte que « Dieu », ou plutôt l'idée qu'ils s'étaient faite de sa promesse, devait mourir, pour qu'il puisse renaître plus grand. Il fallait que cette image de Dieu qu'ils s'étaient forgée et où ils essayaient de l'enfermer, fût détruite, pour qu'au-dessus, en quelque sorte, des ruines de la maison démolie ils puissent voir à nouveau le ciel et Dieu lui-même, qui demeure toujours l'infiniment plus grand. Eichendorff a exprimé cela avec toute la sensibilité de son siècle et sur un ton qui nous paraît presque trop léger :

> C'est Toi qui doucement brises au-dessus de nos têtes
> Ce que construisent nos mains,
> Pour que nos regards voient le ciel –
> C'est pourquoi, je ne me plains.

Or, par là l'article de foi de la descente aux enfers nous rappelle que la révélation de Dieu ne comprend pas seulement la parole de Dieu, mais aussi son silence. Dieu n'est pas seulement la parole intelligible qui vient à nous, il est aussi le principe mystérieux et muet, inaccessible et inintelligible, qui se dérobe à nous. Dans le christianisme il y a certes un primat du *logos*, de la parole, sur le silence : Dieu *a* parlé. Dieu *est* parole. Mais il ne faut pas oublier pour autant la réalité du mystère permanent de Dieu. Il faut avoir fait l'expérience du silence de Dieu, si l'on veut espérer percevoir sa parole qui s'exprime dans le silence[1]. La christologie s'étend au-delà de la croix, au-delà de cet instant où l'amour de Dieu devient tangible, jusque dans la mort, où Dieu se

---

1. Cf. la signification du silence dans les écrits d'Ignace d'Antioche : *Epistola ad Ephesios*, 19, 1 : « Le prince de ce monde a ignoré la virginité de Marie, son enfantement, et la mort du Seigneur, – trois mystères retentissants accomplis dans le silence de Dieu. » (Cité dans J.-L. VIAL, *Ignace d'Antioche*, Paris, 1956, p. 27) ; – cf. *Epistola ad Magnesios*, 8, 2, où il est question du λογος ἀπο στγής προελθν : (la Parole provenant du silence), et la méditation sur la parole et le silence dans *Epistola ad Ephesios*, 15, 1. – Pour l'arrière-plan historique. cf. H. SCHLIER, *Religionsgeschichtliche Untersuchungen zu den Ignatiusbriefen*, Berlin, 1929.

tait et disparaît dans l'obscurité. Faut-il s'étonner que l'Église, que la vie de chacun d'entre nous soient amenées à passer toujours à nouveau par cette heure du silence, par cet article de la foi, oublié et ignoré : « Est descendu aux enfers ? »

Si l'on songe à cela, la question de la « preuve scripturaire » se résout d'elle-même ; il y a du moins le cri d'agonie de Jésus : « Mon Dieu, mon Dieu, pourquoi m'as-tu abandonné ? » (Mc 15, 34), qui illumine le mystère de la descente de Jésus aux enfers comme un éclair éblouissant dans la nuit noire. N'oublions pas que cette parole du Crucifié reprend le premier verset d'une prière d'Israël (Ps 22 [21], 2), où sont résumées, de façon bouleversante, à la fois la détresse et l'espérance de ce peuple, élu par Dieu et paraissant, à cause de cela même, profondément délaissé par Lui. Cette prière jaillie de la détresse profonde de l'absence de Dieu se termine par un hymne à la grandeur de Dieu. Cela aussi est présent dans le cri de Jésus, que E. Käsemann a appelé récemment une prière jaillie des profondeurs de l'enfer, l'adoration du premier commandement s'élevant dans le désert de l'apparente absence de Dieu : « Le Fils garde la foi alors qu'elle semble avoir perdu tout sens, et que la réalité terrestre manifeste l'absence de Dieu, dont parlent, non sans raison, le premier larron et la foule moqueuse. Le cri de Jésus n'est pas un appel à la vie et à la survie, il n'est pas pour lui-même, mais pour le Père. Son cri se dresse contre la réalité du monde entier. » Est-il encore besoin alors de demander ce que doit être l'adoration en notre heure de ténèbres ? Peut-elle être autre chose que le cri venu des profondeurs, en union avec le Seigneur qui est « descendu aux enfers » et qui a instauré la proximité de Dieu au milieu du délaissement et de l'absence de Dieu ?

Essayons encore une autre piste de réflexion pour

pénétrer plus avant dans ce mystère très complexe, qu'un point de vue unique ne suffit pas à éclairer. À cet effet, prenons tout d'abord connaissance, une fois encore, d'une donnée d'exégèse. On nous dit que, dans notre article de foi, le mot « enfers » n'est qu'une mauvaise traduction du mot *shéol* (en grec : *Hadès*), dont l'hébreu se sert pour désigner l'état au-delà de la mort, que l'on se représentait très vaguement comme une ombre d'existence plus proche du néant que de l'être. De ce fait, la phrase aurait tout simplement signifié à l'origine que Jésus est entré dans le *shéol*, c'est-à-dire qu'il est mort. Cela est fort possible. Mais la question est de savoir si de cette façon le problème est devenu plus simple et moins mystérieux. Il me semble que c'est là seulement que se pose le véritable problème qui est de savoir ce qu'est en fait la mort et ce qui se passe quand un homme meurt, quand il entre dans le destin de la mort. Nous serons sans doute tous obligés d'avouer notre embarras devant cette question. Personne ne le sait réellement, car nous vivons tous en deçà de la mort et nous n'avons pas fait l'expérience de la mort. Mais peut-être pouvons-nous trouver une voie d'approche en partant une fois encore du cri de Jésus sur la croix, dans lequel nous avons reconnu l'expression de ce que signifie essentiellement la descente de Jésus, sa participation au destin de la mort de l'homme. Dans cette dernière prière de Jésus, comme d'ailleurs dans la scène du mont des Oliviers, il apparaît que l'essentiel de sa passion n'est pas une quelconque souffrance physique, mais la solitude radicale, le délaissement total. Or, c'est finalement l'abîme de la solitude de l'homme tout court qui se révèle ici, de l'homme qui, au plus intime de lui-même, est seul. Cette solitude, qui se dissimule habituellement sous toutes sortes de masques, mais qui est pourtant la vraie situation de l'homme, représente en même temps la contradiction la plus profonde avec l'être de l'homme ; celui-ci ne peut rester seul, il a besoin d'être avec quelqu'un. Aussi la solitude est-elle le domaine de l'angoisse, qui a sa racine dans la précarité de l'être de l'homme, être menacé, exposé, parce qu'il doit être et qu'il est pourtant projeté vers ce qui lui est impossible. Essayons de préciser cela par un exemple. Voici un enfant qui doit passer tout seul dans la nuit par une forêt obscure ; il a peur même si on lui a démontré de la façon la plus convaincante qu'il n'y avait absolument rien à craindre. Au moment où il est tout seul dans l'obscurité et qu'il expérimente de façon radicale la solitude, la peur se déclare, la vraie peur de l'homme, qui n'est pas peur de quelque chose, mais peur en soi. La peur devant un objet déterminé est au fond anodine, elle peut être bannie, il suffit de faire disparaître l'objet qui la provoque. Si, par exemple, quelqu'un a peur d'un chien méchant, il est facile d'arranger l'affaire, en attachant le chien à la chaîne. Mais ici, il s'agit d'un phénomène bien plus profond : l'homme livré à la solitude extrême a peur, non pas de quelque chose de déterminé, susceptible d'être neutralisé par des arguments ; il expérimente la peur de la solitude, l'insécurité et la précarité de son être, qu'il est impossible de surmonter par la raison. Prenons encore un autre exemple : si quelqu'un doit veiller la nuit tout seul avec un mort, il se sentira toujours quelque peu inquiet, pas rassuré, même s'il ne veut pas en convenir, même s'il arrive à se convaincre rationnellement qu'il n'y a vraiment pas lieu de s'effrayer. Il sait très bien que le mort est inoffensif et que sa situation serait peut-être plus dangereuse si le mort en question était encore vivant. Ce qu'il éprouve est une peur toute différente, non pas la peur devant quelque chose ; ce qu'il éprouve, étant tout seul avec la mort, c'est l'insécurité de la solitude en soi, la précarité de l'existence « exposée ».

Mais il s'agit maintenant de savoir comment on peut surmonter une telle peur, s'il est vain de montrer qu'elle est sans objet. Eh bien, l'enfant n'aura plus peur à partir du moment où une main sera là pour le prendre et le guider, une voix pour lui parler, au moment donc où il éprouve la présence de quelqu'un qui l'aime. De même, celui qui est seul avec le mort sentira son inquiétude s'évanouir si quelqu'un est avec lui, s'il éprouve la présence d'un Toi. Cette manière de dominer la peur révèle une fois de plus en quoi elle consiste : elle est peur de la solitude, la peur d'un être qui ne peut vivre qu'avec d'autres. La véritable peur de l'homme ne peut être surmontée par la raison, mais uniquement par la présence d'un être aimant.

Il nous faut creuser encore davantage cette question. S'il y avait une solitude où aucune parole d'un autre ne pourrait plus pénétrer pour la transformer, s'il y avait une déréliction si profonde qu'aucun Toi ne pourrait plus y atteindre, alors ce serait la solitude véritable et totale, la peur totale, ce que le théologien appelle « enfer ». Le sens de ce mot peut être exactement défini à partir de là : il désigne une solitude où ne pénètre plus la parole de l'amour et qui constitue ainsi véritablement l'existence exposée, menacée. Qui ne se rappellerait à ce propos que des poètes et philosophes de notre temps soutiennent qu'au fond toutes les rencontres entre hommes demeurent superficielles, qu'aucun homme n'a accès à la véritable profondeur de l'autre ? Selon eux, personne ne saurait atteindre au plus intime de l'autre ; toute rencontre, si belle qu'elle paraisse, ne fait qu'anesthésier la plaie inguérissable de la solitude. Au plus profond de notre existence à nous tous résiderait donc l'enfer, le désespoir, c'est-à-dire la solitude, qui est aussi inéluctable qu'atroce. Sartre, on le sait, a construit son anthropologie à partir de cette idée. Mais même un poète aussi amène et serein que Hermann Hesse exprime au fond la même pensée :

Étrange, de marcher dans le brouillard !
Vivre, c'est être seul.
Personne ne connaît son voisin,
Chacun est seul.

De fait, une chose est certaine : il existe une nuit, dans la déréliction de laquelle aucune voix ne parvient ; il existe une porte, par laquelle nous ne pouvons passer que solitaires : la porte de la mort. Toute la peur du monde est au fond la peur de cette solitude-là. Cela explique pourquoi l'Ancien Testament n'a qu'*un seul* mot pour l'enfer *et* pour la mort, le mot *shéol*, car, pour l'Ancien Testament, les deux sont en dernière analyse identiques. La mort, c'est la solitude tout court, tandis que la solitude où l'amour ne peut plus pénétrer, c'est l'enfer.

Et nous voilà revenus à notre point de départ, à l'article de foi de la descente aux enfers. D'après la perspective qui vient d'être développée, cet article affirme que le Christ a franchi la porte de notre ultime solitude, qu'il est entré, à travers sa Passion, dans l'abîme de notre déréliction. Là où aucune parole ne saurait plus nous atteindre, il y a Lui. Ainsi l'enfer est surmonté, ou plus exactement, la mort qui auparavant était l'enfer, ne l'est plus. Les deux ne sont plus identiques, parce qu'au milieu de la mort il y a de la vie, parce que l'amour habite au milieu de la mort. Seul le repliement délibéré sur soi-même est désormais enfer ou, comme le dit la Bible : seconde mort (cf. Ap 20, 14). Tandis que mourir, ce n'est plus la route de la solitude glaciale ; les portes du *shéol* sont ouvertes. Je crois qu'à partir de là l'on peut comprendre les images, au premier abord si mythologiques, employées par les Pères, et où il est question de retirer les morts du gouffre, d'ouvrir les portes ; de même, le texte apparemment si mythique de l'Évangile de Matthieu devient ici compréhensible, lorsqu'il dit qu'à la mort de Jésus les tombes s'ouvrirent et les corps des saints ressuscitèrent (Mt 27, 52). La porte de la mort est ouverte depuis que dans la mort habite la vie, c'est-à-dire l'amour.

Une chose est claire : l'Église ne doit pas être conçue à partir de son organisation, c'est l'organisation qui doit être comprise à partir de l'Église. Du même coup il est clair que, pour l'Église visible, l'unité visible est plus qu'une « organisation ». L'unité concrète de la foi commune attestée dans la parole, et de la table commune de Jésus-Christ, est partie essentielle du signe que l'Église est appelée à instaurer dans le monde. Ce n'est qu'en étant « catholique », c'est-à-dire visiblement *une* malgré la pluralité, qu'elle correspond à l'exigence du Symbole[1]. Elle doit être, dans notre monde déchiré, signe et moyen de l'unité, elle doit dépasser et unir les nations, les races et les classes. Nous ne savons que trop à quel point elle a souvent failli à ce devoir. Déjà dans l'Antiquité, elle avait du mal à être à la fois l'Église des Barbares et l'Église des Romains ; dans les temps modernes, elle n'a pas pu empêcher la lutte entre les nations chrétiennes, et aujourd'hui encore, elle ne réussit toujours pas à créer entre les riches et les pauvres des liens tels que le superflu des uns serve à rassasier les autres : le signe de la communauté de table est loin d'être réalisé. Et malgré cela, on n'a pas le droit de méconnaître tout ce que la prétention à la catholicité n'a cessé de poser comme exigences impératives. Mais avant tout, nous devrions, au lieu de faire le procès du passé,

---

1. Sur le problème « Église et Églises » ainsi soulevé, j'ai exposé mon opinion dans J. RATZINGER, *Das Konzil auf dem Weg*, Köln, 1964, pp. 48-71.

entendre l'appel du présent et nous efforcer aujourd'hui de faire de la catholicité non pas seulement l'objet de notre confession de foi dans le *Credo*, mais une réalité concrète dans la vie de notre monde déchiré.

II. « EST MONTÉ AUX CIEUX, EST ASSIS À LA DROITE DE DIEU, LE PÈRE TOUT-PUISSANT

Parler d'ascension au ciel ou de descente aux enfers, reflète, aux yeux de notre génération éveillée à la critique par Bultmann, cette image du monde à trois étages que nous appelons mythique et que nous considérons comme définitivement périmée. Que ce soit « en haut » ou « en bas », le monde est partout et toujours monde ; il est régi par les mêmes lois physiques, il peut être exploré partout par les mêmes méthodes, fondamentalement. Il n'y a pas d'étages ; les concepts de « haut » et de « bas » sont relatifs, dépendants de la position de l'observateur. Et même, comme il n'existe pas de point de repère absolu (et que la terre assurément n'en est pas un), on ne saurait plus, au fond, parler de « haut » et de « bas » ou de « gauche » et de « droite » ; le cosmos ne nous donne plus de directions fixes. Personne ne voudra plus aujourd'hui contester sérieusement ces données. La conception d'un monde à trois étages, au sens local, a disparu. Mais est-ce bien cette conception que voulaient affirmer les articles de foi sur la descente aux enfers et l'ascension du Seigneur ? Elle a certainement fourni les images par lesquelles la foi s'est représenté ces mystères, mais il est tout aussi certain qu'elle ne constituait pas l'essentiel de la réalité affirmée. Les deux articles expriment bien plutôt, en liaison avec la confession du Jésus historique, la dimension totale de l'existence humaine, qui comprend non pas trois étages cosmiques, mais trois dimensions métaphysiques. Aussi est-il logique, à l'inverse, que la position, se prenant pour l'instant comme moderne, écarte non seulement l'ascension et la descente aux enfers, mais également le Jésus historique, c'est-à-dire toutes les trois dimensions de l'existence humaine, ce qui reste ne peut plus être qu'un fantôme diversement affublé, sur lequel il n'est pas étonnant que personne ne veuille plus sérieusement faire fond.

Mais que signifient réellement nos trois dimensions ? Nous avons déjà constaté que la descente aux enfers n'évoque pas en fait une profondeur extérieure du cosmos ; celle-ci ne lui est nullement indispensable : dans le texte fondamental, la prière du Crucifié au Dieu qui l'a abandonné, il manque toute allusion cosmique. Ce texte dirige notre regard plutôt vers la profondeur de l'existence humaine, qui plonge dans l'abîme de la mort, dans la zone de la solitude intouchable et de l'amour refusé, et qui de ce fait inclut la dimension de l'enfer, la porte en elle comme sa possibilité. L'enfer, le fait d'exister dans le refus définitif de l'« être-pour », n'est pas une détermination cosmographique, mais une dimension de la nature humaine, l'abîme où elle plonge. Nous savons aujourd'hui plus que jamais que l'existence d'un chacun touche à cet abîme ; et comme en définitive l'humanité est *un* homme, cet abîme ne concerne pas seulement l'individu, mais le corps unique de la race humaine en son entier, qui doit donc supporter solidairement la profondeur de cet abîme. Nous pouvons à partir de là comprendre une fois de plus que le Christ, le « nouvel Adam », ait entrepris de porter avec nous cette profondeur et qu'il n'ait pas voulu demeurer séparé d'elle, dans une sublimité inviolée ; il est vrai qu'à l'inverse c'est maintenant seulement que le refus total est devenu possible dans sa pleine profondeur.

L'ascension du Christ évoque l'autre pôle de l'existence humaine qui s'étend infiniment au-delà d'elle-même vers en haut et vers en bas. En tant que pôle opposé de l'isolement radical et de l'intangibilité de l'amour qui se refuse, cette existence porte en elle la possibilité du contact avec tous les autres hommes, dans le contact avec l'amour divin, si bien que l'existence humaine peut trouver en quelque sorte son lieu géométrique dans l'intimité même de Dieu. Il est vrai que les deux possibilités de l'homme, qui apparaissent ainsi dans les mots ciel et enfer, sont de nature tout à fait différente, elles sont possibilités de l'homme en un sens très différent. L'abîme que nous appelons enfer, seul l'homme peut se le donner à lui-même. Il faut même dire encore plus nettement : il consiste formellement en ce que l'homme refuse absolument de recevoir et veut être totalement autonome ; il est l'expression du repli total sur soi-même. Il consiste essentiellement en ce que l'homme refuse de recevoir, d'accueillir, et veut au contraire ne s'appuyer que sur lui-même, se suffire à lui-même. Si cette attitude est poussée à l'extrême, alors l'homme est devenu l'intouchable, l'isolé, le rejeté. L'enfer, c'est vouloir être uniquement soi-même ; c'est ce qui advient lorsque l'homme s'enferme en lui-même. Il est, par contre, de l'essence de cet « en haut » que nous appelons ciel, de ne pouvoir être que reçu, accueilli, alors que l'enfer, on ne peut que se le donner à soi-même. Le ciel est essentiellement ce qui n'est pas et ne peut pas être notre propre œuvre. Dans le langage de la scolastique on disait que, en tant que grâce, il était un « *donum indebitum et superadditum naturæ* » (un don indû, surajouté à la nature). Le ciel, en tant qu'amour comblé, ne peut jamais être qu'offert à l'homme ; l'enfer, par contre, est la solitude de celui qui refuse d'accepter cela, qui refuse l'état de mendiant et qui se replie sur lui-même.

C'est à partir de là seulement que l'on peut montrer ce que le chrétien entend vraiment par « ciel ». Il ne s'agit pas d'un lieu éternel, supra-terrestre, ni simplement d'un domaine éternel métaphysique. Il faut plutôt dire que les réalités « ciel » et « ascension du Seigneur » sont inséparablement liées ; c'est à partir de ce rapport seulement que le sens christologique, personnel, historique du message chrétien au sujet du ciel devient clair. Autrement dit : le ciel n'est pas un lieu qui aurait été fermé avant l'ascension du Christ par un décret positif de Dieu, pour être ouvert ensuite par un décret également positif. La réalité « ciel » ne devient au contraire effective que dans la rencontre intime de Dieu et de l'homme. Le ciel est à définir comme le contact de l'être de l'homme avec l'être de Dieu ; cette rencontre intime de Dieu et de l'homme a été définitivement réalisée dans le Christ, lorsque, à travers la mort, il a passé au-delà du *bios*, à la vie nouvelle. Le ciel est ainsi l'avenir de l'homme, et de l'humanité, que celle-ci ne peut se donner à elle-même, qui lui demeure fermé aussi longtemps qu'elle ne compte que sur elle-même et qui a été ouvert pour la première fois et de façon radicale dans l'homme dont le lieu d'existence était Dieu et par qui Dieu est entré dans l'être de l'homme.

C'est pourquoi le ciel est toujours plus qu'un destin particulier et privé ; il est nécessairement en rapport avec le « dernier Adam », avec l'homme définitif et donc avec l'avenir global de l'homme. Il me semble que cela pourrait éclairer plusieurs questions herméneutiques importantes ; nous ne pouvons que les évoquer brièvement ici. L'un des points les plus frappants du donné biblique, qui occupe et préoccupe l'exégèse et la théologie depuis environ un demi-siècle, est ce que l'on appelle l'eschatologie imminente : dans le message de Jésus et des Apôtres, il semble que la fin du monde soit annoncée comme imminente. L'on a même l'impression que le message de la fin prochaine constitue le noyau essentiel de la prédication de Jésus et de l'Église naissante. La figure de Jésus, sa mort et sa résurrection sont mises en rapport avec cette représentation d'une façon qui nous apparaît aussi étrange qu'incompréhensible. Il ne nous est pas possible, évidemment, d'entrer dans le détail des nombreuses questions qui sont touchées par là. Mais nos dernières réflexions ne nous ont-elles pas indiqué la voie où la réponse peut être cherchée ? Nous avons décrit la résurrection et l'ascension comme la rencontre intime et définitive de l'être de l'homme avec l'être de Dieu, qui ouvre à l'homme la possibilité d'une existence sans fin. Nous avons essayé de comprendre les deux mystères comme la victoire de l'amour plus fort que la mort, ce qui représente la « mutation » décisive de l'homme et du cosmos, où les limites du *bios* ont été franchies et une nouvelle sphère d'existence créée. S'il en est vraiment ainsi, nous avons là le début de l'eschatologie, de la fin du monde. Du fait que la frontière de la mort a été franchie, la dimension d'avenir de l'humanité est ouverte, son avenir a déjà commencé en fait. Mais on voit aussi par là comment l'espérance individuelle d'immortalité et la possibilité d'éternité pour l'humanité entière se compénètrent et se rejoignent dans le Christ, qui peut être appelé le « centre », et aussi, à condition de bien l'entendre, la « fin » de l'histoire.

Il reste encore un point à évoquer à propos de l'ascension du Seigneur. Cet article de foi qui, d'après ce que nous avons vu, est décisif pour comprendre l'au-delà de l'existence humaine, n'est pas moins décisif pour comprendre l'existence d'ici-bas, c'est-à-dire pour savoir comment l'ici-bas et l'au-delà peuvent se rejoindre, et donc pour la question de la possibilité et du sens de la relation de l'homme à Dieu. En examinant le premier article de foi, nous avions répondu affirmativement à la question de savoir si l'infini peut entendre le fini, l'éternel le temporel, et nous avions dit que la véritable grandeur de Dieu consistait justement en ce que pour lui l'infiniment petit n'est pas trop petit, ni l'infiniment grand trop grand ; nous avions essayé de comprendre que Dieu, en tant que Logos, n'est pas seulement la raison qui exprime tout dans sa parole, mais encore celle qui perçoit tout et dont rien n'est exclu parce que trop petit. Nous avions répondu à la question angoissée de notre temps : oui, Dieu peut entendre. Mais une question demeure. Car si quelqu'un, à la suite de nos reflexions, en vient à dire : Soit, Dieu peut entendre ; ne lui reste-t-il pas toujours encore cette interrogation : mais peut-il aussi exaucer notre prière *(hören/erhören) ?* Ou bien la prière de demande, l'appel de la créature vers Dieu, n'est-elle en fin de compte qu'un pieux stratagème pour élever et réconforter psychologiquement l'homme, parce que celui-ci est rarement capable d'arriver aux formes supérieures de la prière ? Est-ce que le tout ne sert pas simplement à mettre de quelque façon l'homme en mouvement vers la transcendance, alors qu'en fait rien ne se produit et rien n'est changé ; car ce qui est éternel est éternel et ce qui est temporel est temporel — apparemment il n'y a pas de passage de l'un à l'autre ? Cela non plus, nous ne pouvons le considérer ici en détail, car il y faudrait une analyse critique très poussée des concepts de temps et d'éternité. Il faudrait étudier l'origine de ces concepts dans la pensée antique, et la synthèse de cette pensée avec la foi biblique, synthèse dont l'imperfection est à la racine de nos questions actuelles. Il faudrait réfléchir à nouveau sur le rapport de la pensée scientifique et technique avec la pensée croyante ; ce sont là des tâches qui débordent largement le cadre de cette étude. Nous devrons donc ici encore nous contenter, au lieu de réponses détaillées et élaborées, d'indiquer la direction où il faudra chercher la réponse.

La pensée actuelle est tributaire la plupart du temps de cette idée que l'éternité est pour ainsi dire enfermée dans son immutabilité. Dieu apparaît comme le prisonnier de son dessein formé « avant tous les temps ». « Être » et « devenir » ne se mélangent pas. L'éternité est ainsi comprise de façon purement négative comme absence de temps ; elle est ce qui est autre par rapport au temps, et qui ne saurait exercer aucune influence dans le temps, ne serait-ce que parce qu'elle cesserait alors d'être immuable et deviendrait elle-même temporelle. Ces idées relèvent au fond d'une conception pré-chrétienne, où n'est pas pris en considération le concept de Dieu tel qu'il s'exprime dans la foi en la création et en l'incarnation. Elles supposent en fin de compte – nous ne pouvons développer cela ici – l'antique dualisme et dénotent une naïveté intellectuelle, qui conçoit Dieu à la manière humaine. Car, quand on pense que Dieu ne peut plus changer après coup ce qu'il a décidé « avant » toute éternité, on imagine inconsciemment l'éternité d'après le schéma du temps : en distinguant « avant » et « après ».

Or l'éternité n'est pas ce qu'il y a de plus ancien, ce qui était avant le temps, mais ce qui est tout autre ; elle est pour chaque moment du temps qui passe l'aujourd'hui, elle est pour lui présent ; elle n'est pas enfermée entre un « avant » et un « après », elle est au contraire puissance du présent en tous les temps. L'éternité n'est pas à côté du temps, sans rapport avec lui, elle est la force créatrice qui porte tous les temps, qui englobe le temps qui passe en son unique présent et lui permet d'être. Elle n'est pas absence de temps, mais domination du temps *(Zeitmächtigkeit)*. Et parce qu'elle est l'aujourd'hui « contemporain » à tous les temps, elle peut aussi agir dans le temps, à chaque moment.

L'incarnation de Dieu en Jésus-Christ, par laquelle le Dieu éternel et l'homme temporel se rejoignent dans une unique personne, n'est pas autre chose que la réalisation ultime de la domination de Dieu sur le temps. En ce point précis de l'existence humaine de Jésus, Dieu a saisi le temps et l'a attiré en Lui-même. La domination du temps se tient pour ainsi dire corporellement devant nous en Jésus-Christ. Celui-ci est réellement, selon l'expression de l'évangile de Jean, la « porte » entre Dieu et l'homme (Jn 10, 9), le « médiateur » (1 Tm 2, 5) en qui l'Éternel se trouve avoir un temps. En Jésus nous pouvons, nous hommes temporels, trouver un interlocuteur temporel, notre « contemporain » ; et en lui qui partage avec nous la temporalité, nous touchons en même temps l'Éternel, parce qu'il est temps avec nous et éternité avec Dieu.

Hans Urs von Balthasar a mis en lumière avec beaucoup de pénétration, quoique dans un ordre d'idées quelque peu différent, la signification spirituelle de ces perspectives. Il rappelle d'abord que Jésus, durant son existence terrestre, n'était pas au-dessus du temps et de l'espace, mais vivait à plein de son temps et dans son temps : l'humanité de Jésus, qui le situait au milieu de ce temps, se manifeste à chaque ligne de l'Évangile ; nous la distinguons aujourd'hui de façon plus nette et plus vivante à bien des égards qu'à d'autres époques. Mais cette « situation dans le temps » n'est pas simplement un cadre culturel historique qui resterait extérieur, et derrière lequel se trouverait quelque part et sans en être affectée la réalité supra-temporelle de son être véritable ;

elle est plutôt un fait anthropologique, qui détermine profondément la forme d'être de l'homme. Jésus a du temps, il n'anticipe pas dans une impatience coupable la volonté de son Père. « C'est pourquoi le Fils qui a du temps pour Dieu dans le monde est le lieu originel dans lequel Dieu a du temps pour le monde. Dieu n'a pas de temps pour le monde, sinon dans le Fils, mais en lui il a *tous* les temps[1]. » Dieu n'est pas prisonnier de son éternité ; en Jésus il a du temps pour nous, et de ce fait Jésus est réellement le « trône de la grâce » vers lequel nous pouvons en tout temps « avancer avec assurance » (He 4, 16).

III. « LA RÉSURRECTION DE LA CHAIR »

a) Le contenu de l'espérance néo-testamentaire de la résurrection

Cet article de la résurrection de la chair nous pose un singulier dilemme. Nous avons découvert à nouveau que l'homme est indivisible ; nous vivons notre corporalité avec une intensité nouvelle, et nous la reconnaissons comme indispensable pour réaliser l'être de l'homme. À partir de là, nous pouvons mieux comprendre le message biblique qui ne promet pas l'immortalité à une âme séparée, mais à l'homme tout entier. C'est ce sentiment qui, dans notre siècle, a poussé surtout la théologie protestante à s'opposer expressément à la doctrine grecque de l'immortalité de l'âme, que l'on considérerait à tort

---

1. 1 H. U. von Balthasar, *La théologie de l'histoire*, Plon, 1955, p. 40.

comme une idée chrétienne. Il s'y exprimerait en réalité un dualisme foncièrement opposé au christianisme ; la foi chrétienne ne connaîtrait que la résurrection des morts, opérée par la puissance de Dieu. Mais alors des objections se présentent immédiatement à l'esprit : si la doctrine grecque de l'immortalité est problématique, l'affirmation biblique n'est-elle pas pour nous encore plus difficilement concevable ? Pour ce qui concerne l'unité de l'homme, c'est bien, mais comment se représenter à partir de notre vision du monde actuelle, une résurrection du corps ? Car cette résurrection impliquerait, semble-t-il, un ciel nouveau et une terre nouvelle ; elle exigerait des corps immortels, sans besoins alimentaires, un état de la matière radicalement différent. Mais tout cela n'est-il pas parfaitement absurde, absolument contraire à notre intelligence de la matière et de ses propriétés, et donc inexorablement mythologique ?

Il me semble que de fait l'on ne peut trouver une réponse qu'en recherchant avec soin les véritables intentions de l'affirmation biblique et en reconsidérant en même temps le rapport entre les conceptions bibliques et grecques. Car le contact entre les deux conceptions les a toutes deux modifiées, et recouvert ainsi les intentions originelles de l'une et de l'autre voie par une nouvelle vision d'ensemble, que nous devons d'abord déblayer si nous voulons retrouver le point de départ. L'espérance de la résurrection des morts représente tout d'abord simplement la forme fondamentale de l'espérance d'immortalité de la Bible ; dans le Nouveau Testament, elle n'apparaît pas vraiment comme une idée complémentaire d'une immortalité de l'âme antécédente et indépendante, mais comme l'affirmation fondamentale sur la destinée humaine. Certes, il y avait déjà dans le judaïsme tardif des amorces pour une doctrine de l'immortalité d'inspiration grecque, et c'est là probablement une des raisons pour lesquelles on en est arrivé très vite, dans le monde gréco-romain, à ne plus comprendre dans toute leur ampleur les implications de l'idée de résurrection. On en vint à considérer la conception grecque de l'immortalité de l'âme et la prédication biblique de la résurrection des morts comme apportant chacune une demi-réponse à la question de la destinée éternelle de l'homme, et on les ajouta l'une à l'autre. À l'idée grecque de l'immortalité de l'âme, la Bible aurait ajouté la révélation de la résurrection des corps à la fin des temps, pour que ceux-ci puissent partager à jamais la destinée de l'âme, pour le meilleur et pour le pire (damnation ou béatitude).

Contrairement à cette interprétation, nous devons affirmer que primitivement il ne s'agissait pas de deux conceptions complémentaires ; nous nous trouvons plutôt devant deux représentations générales différentes, que l'on ne saurait additionner purement et simplement. L'image de l'homme, l'image de Dieu et l'image de l'avenir est chaque fois totalement différente, de sorte que l'on peut considérer chacune de ces conceptions comme un essai de réponse totale à la question de la destinée humaine. La conception grecque est fondée sur cette représentation que dans l'homme deux substances, de soi étrangères l'une à l'autre, sont réunies, dont l'une (le corps) se décompose, alors que l'autre (l'âme) est de soi immortelle et continue de ce fait à subsister par elle-même, indépendamment de tout autre être. Et c'est même en se séparant du corps, étranger à sa nature, que l'âme arrive à réaliser pleinement son être propre. À l'opposé, la pensée biblique présuppose l'unité de l'homme ; l'Écriture, par exemple, ne connaît aucun mot qui ne désignerait que le corps (séparé et distinct de l'âme), et inversement, le mot âme signifie le plus souvent l'homme tout entier avec le corps ; les quelques passages où semble se dessiner une autre vision des choses, oscillent entre la pensée grecque et la pensée hébraïque, sans renier pour autant l'ancienne conception. La résurrection des morts (non des corps !) dont parle l'Écriture, concerne le salut de l'homme tout *entier* et non le destin d'une moitié (peut-être même secondaire) de l'homme. Il est donc clair que l'essence de la foi en la résurrection ne consiste pas dans l'idée d'une restitution des corps, telle que nous l'imaginons habituellement ; cela reste vrai même si la Bible se sert couramment de cette représentation imagée. Mais alors, quel est le véritable contenu de l'espérance annoncée aux hommes à travers l'expression mystérieuse de résurrection des morts ? Le meilleur moyen pour dégager ce contenu, c'est, me semble-t-il, de l'opposer à la conception dualiste de la philosophie antique :

1) L'idée d'immortalité que la Bible exprime par le mot de résurrection, vise à une immortalité de la « personne », de l'être *un*, qu'est l'homme. Alors que dans la pensée grecque, l'être typique « homme » est un produit voué à la décomposition, qui ne saurait survivre en tant que tel, et qui, de par sa composition hétérogène de corps et d'âme, suit deux voies différentes, dans la pensée biblique, c'est précisément cet être d'homme qui continue à subsister en tant que tel, bien qu'il soit transformé.

2) Il s'agit d'une immortalité de caractère « dialogique » (= *ressusciter !*) ; cela veut dire que l'immortalité ne résulte pas simplement d'une non-possibilité naturelle de mort, propre à l'être indivisible ; elle provient de l'action salvifique de quelqu'un qui nous aime et qui a la puissance nécessaire : si l'homme ne peut plus être totalement anéanti, c'est parce qu'il est connu et aimé de Dieu. S'il est vrai que tout amour veut l'éternité, l'amour de Dieu va bien plus loin ; non seulement il veut l'éternité, mais il la réalise et il l'est lui-même. De fait, l'idée

biblique de résurrection procède directement de ce thème « dialogique » : l'homme qui prie sait, dans la foi, que Dieu rétablira le droit (Jb 19, 25 ss ; Ps 73, 23 ss) ; le croyant est convaincu que ceux qui ont souffert pour la cause de Dieu, auront aussi part à la récompense promise (2 M 7, 9 ss). L'immortalité décrite par la Bible ne procède donc pas de la puissance propre d'un être qui serait par lui-même indestructible, mais provient du fait que cet être est assumé, introduit dans le dialogue avec le Créateur ; et c'est pour cette raison qu'elle s'appelle nécessairement résurrection. Parce que le Créateur a en vue non pas seulement l'âme, mais l'homme tout entier, qui se réalise au milieu de la corporalité de l'histoire, parce que c'est à l'homme tout entier que le Créateur donne l'immortalité, cette dernière s'appelle nécessairement résurrection des morts = des hommes. Il faut noter ici que dans la formule de notre Symbole, où il est question de « résurrection de la chair », le mot « chair » lui aussi est synonyme de « monde des hommes » (dans le sens des expressions bibliques comme : « toute *chair* verra le salut de Dieu », etc.) ; ici non plus, le mot n'est pas pris au sens d'une corporalité isolée de l'âme.

3) Le fait que cette résurrection est attendue pour le « dernier jour », pour la fin des temps, et dans la communion de tous les hommes, indique le caractère solidaire de l'immortalité humaine ; celle-ci se réfère à l'ensemble de l'humanité, l'individu ayant vécu, et arrivant donc à sa béatitude ou à sa perte, en dépendance de la totalité, avec elle et ordonné à elle. Ce n'est là au fond qu'une conséquence naturelle du caractère propre de l'idée biblique d'immortalité, qui voit l'homme dans sa totalité. Pour la pensée grecque, le corps et donc aussi l'histoire restent extérieurs à l'âme ; celle-ci peut exister séparément et n'a pas besoin pour cela d'un autre être. Au contraire, pour l'homme conçu comme unité, la soli-

darité avec les autres est quelque chose de constitutif ; si c'est *lui* qui doit continuer à vivre, cette dimension ne saurait manquer. Ainsi apparaît résolue, par un retour à la pensée biblique, la question souvent débattue de la possibilité d'une communion des hommes entre eux après la mort ; cette question ne pouvait, en fin de compte, se poser que par suite d'une prépondérance de l'élément grec au point de départ de la réflexion : là où l'on croit à la « communion des saints », l'idée de l'*anima separata* (de l'« âme séparée » dont parle la scolastique) se trouve finalement dépassée.

Ces idées ne pouvaient recevoir toute leur ampleur qu'à travers la réalisation concrète de l'espérance biblique dans le Nouveau Testament ; l'Ancien Testament, en effet, laisse en fin de compte le problème de l'avenir de l'homme en suspens. Ce n'est qu'avec le Christ, – l'homme qui est « un avec le Père », l'homme grâce à qui l'être de l'homme est entré dans l'éternité de Dieu, – que l'avenir de l'homme apparaît définitivement ouvert. C'est seulement en lui, le « second Adam », que la question qu'est l'homme lui-même trouve une réponse. Le Christ est homme pleinement ; la question que nous sommes est donc présente en lui. Mais en même temps il est la « parole de Dieu » adressée aux hommes. Le dialogue entre Dieu et l'homme poursuivi depuis les origines de l'histoire, parvient en lui à un stade nouveau : en lui, la parole de Dieu est devenue « chair », elle s'est insérée réellement dans notre existence. Or, si le dialogue de Dieu avec l'homme est synonyme de vie, s'il est vrai que le partenaire de Dieu dans ce dialogue possède la vie du fait même qu'il est interpellé par celui qui vit éternellement, cela signifie que le Christ, parole de Dieu à nous adressée, est lui-même « la résurrection et la vie » (Jn 11, 25). Cela signifie, en outre, que l'entrée dans le Christ, c'est-à-dire la foi, devient en un sens nouveau une entrée dans ce dialogue où Dieu nous connaît et nous aime, ce qui est l'immortalité : « Celui qui croit au Fils *a* la vie éternelle » (Jn 3, 15 s ; 3, 36 ; 5, 24). C'est à partir de là seulement que l'on peut comprendre la pensée du quatrième Évangéliste, qui veut faire saisir à son lecteur, à travers le récit de la résurrection de Lazare, que la résurrection n'est pas simplement un événement lointain au terme de l'Histoire, mais un fait actuel qui se réalise par la foi. Celui qui croit a engagé avec Dieu un dialogue qui est vie et qui se continue après la mort. Ainsi se rejoignent finalement d'une part la ligne « dialogique », se référant directement à Dieu, et d'autre part la ligne de la solidarité humaine, qui ensemble constituent l'idée biblique d'immortalité. En effet, dans le Christ-homme, nous rencontrons Dieu ; mais en lui nous rencontrons également la communauté des autres, dont le chemin vers Dieu passe par lui et converge donc vers lui. L'orientation vers Dieu devient du même coup en lui orientation vers la communion des hommes ; ce n'est qu'en acceptant cette communion que l'on marche vers Dieu, car Dieu ne se trouve pas en dehors du Christ, ni par le fait même en dehors de la trame de l'histoire humaine et de sa destination communautaire.

Cela éclaire également la question, souvent discutée au temps des Pères et à nouveau depuis Luther, concernant l'« état intermédiaire » entre la mort et la résurrection. Cet « être avec le Christ » inauguré dans la foi, est déjà le commencement d'une vie ressuscitée, qui continue donc au-delà de la mort (Ph 1, 23 ; 2 Co 5, 8 ; 1 Th 5, 10). Le dialogue de la foi est déjà maintenant une vie qui ne peut plus être brisée par la mort. L'idée du sommeil de la mort, continuellement reprise par les théologiens luthériens et récemment avancée aussi par le Catéchisme hollandais, ne peut donc se soutenir au regard du Nouveau Testament, ni se justifier par l'emploi répété du mot « dormir » que l'on y rencontre : l'univers spirituel du Nouveau Testament s'oppose radicalement à une telle interprétation, qui serait aussi du reste difficilement concevable vu le stade auquel était parvenue, dans le judaïsme tardif, la réflexion sur la vie après la mort.

b) *L'immortalité essentielle de l'homme*

Les réflexions précédentes auront fait apparaître dans une certaine mesure de quoi il est question exactement dans le message biblique de la résurrection : le contenu essentiel de ce message n'est pas la représentation d'une restitution des corps aux âmes après une longue période intermédiaire ; son sens, c'est de dire aux hommes que ce sont eux, eux-mêmes, qui continueront à vivre ; non pas par leurs propres forces, mais parce que Dieu les connaît et les aime, d'une manière telle qu'ils ne peuvent plus périr. Contrairement à la conception dualiste de l'immortalité, telle qu'elle s'exprime dans le schéma grec : corps-âme, la formule biblique de l'immortalité par résurrection cherche à donner une idée de l'immortalité qui englobe l'homme tout entier et se fonde sur un dialogue : ce qui est essentiel dans l'homme, la personne, demeure ; ce qui a mûri au cours de cette existence terrestre de « spiritualité » corporelle et de corporalité pénétrée d'esprit, continue à exister d'une autre manière. Cette réalité demeure, parce qu'elle vit dans la mémoire de Dieu. Et parce que c'est l'homme lui-même qui vivra et non pas seulement une âme isolée, l'élément de solidarité communautaire appartient aussi à l'avenir ; c'est pour cela que l'avenir de l'homme particulier ne sera accompli que lorsque l'avenir de l'humanité le sera également.

Ici toute une série de questions se posent. La première pourrait s'exprimer ainsi : dans ce cas, l'immortalité ne devient-elle pas pure grâce, alors qu'en réalité elle est une exigence de l'essence de l'homme en tant qu'homme ? Ou en d'autres termes : est-ce qu'on n'aboutit pas ainsi à une immortalité réservée aux seuls gens pieux, et donc à une discrimination de la destinée humaine qui est inadmissible ? Pour parler théologiquement, l'immortalité naturelle de l'être humain n'est-elle pas confondue ici avec le don surnaturel de l'amour éternel qui apporte à l'homme la béatitude ? Ne faut-il pas, pour garder à la foi même son caractère humain, maintenir fermement l'immortalité naturelle, parce qu'une survie de l'homme conçue de façon purement christologique glisserait nécessairement dans le merveilleux et le mythologique ? À cette dernière question l'on peut répondre sans hésiter par l'affirmative. Mais cela ne contredit nullement notre point de vue. Même en partant de celui-ci, il faudra affirmer nettement : cette immortalité que nous avons appelée « résurrection » en raison de son caractère « dialogique », revient à l'homme en tant qu'homme, à *chaque* homme, et ce n'est pas du « surnaturel » surajouté secondairement. Mais ne faut-il pas aller plus loin et demander : qu'est-ce qui fait que l'homme est véritablement homme ? et qu'est-ce qui en définitive est spécifique de l'homme ? Nous devons sans doute répondre : ce qui distingue l'homme, c'est, en prenant les choses par en haut, le fait d'être interpellé par Dieu, d'être le partenaire du dialogue avec Dieu, l'être appelé par Dieu. En prenant les choses par en bas, cela signifie que l'homme est cet être qui peut penser Dieu, qui est ouvert au transcendant. La question n'est pas de savoir si de fait il pense Dieu, si de fait il s'ouvre à lui ; il s'agit de dire qu'il est fondamentalement l'être capable de cela, même si effectivement, pour une raison ou pour une autre, il n'arrive jamais à réaliser cette capacité.

On pourrait alors dire : mais n'est-il pas plus simple de voir le signe distinctif de l'homme dans le fait qu'il a une âme spirituelle, immortelle ? Cela est juste, mais nous essayons précisément de mettre en lumière le sens concret de ce fait. Les deux ne s'opposent pas, mais expriment la même chose en des formes de pensée différentes. Car avoir une « âme spirituelle » signifie justement : être voulu spécialement, être connu et aimé spécialement par Dieu ; avoir une âme spirituelle, cela revient à dire : être appelé par Dieu à un dialogue éternel, et être par le fait même capable, de son côté, de reconnaître Dieu et de lui répondre. Ce que nous appelons dans un langage plus « substantialiste » : « avoir une âme », nous l'exprimons en un langage plus historique et plus actualiste : « être partenaire du dialogue avec Dieu ». Cela ne signifie pas que cette façon de parler de l'âme soit fausse (comme le prétend parfois aujourd'hui un certain biblicisme unilatéral et peu critique) ; elle est même nécessaire à certains égards pour exprimer la totalité de ce dont il s'agit ici. Mais, d'autre part, elle a besoin aussi d'être complétée si l'on ne veut pas retomber dans une conception dualiste, qui ne saurait rendre justice à la vision « dialogique » et personnaliste propre à la Bible.

Si donc nous disons que l'immortalité de l'homme est fondée sur le dialogue avec Dieu, dont l'amour seul peut assurer l'éternité, nous ne prétendons pas à une destinée spéciale réservée aux gens pieux, nous voulons seulement faire ressortir ce qui fait l'immortalité essentielle de l'homme en tant qu'homme. D'après nos dernières réflexions, il est très possible de développer la même idée à partir du schéma : corps-âme, dont l'importance, et peut-être même la nécessité, consiste en ce qu'il met en relief le caractère essentiel de l'immortalité de l'homme. Mais il doit malgré tout être replacé continuellement dans l'optique biblique et être corrigé à partir d'elle, pour rester au service de cette perspective que la foi a ouverte sur l'avenir de l'homme. Par ailleurs, l'on peut constater une nouvelle fois ici qu'en dernière analyse il n'est pas possible de faire de séparation nette entre « naturel » et « surnaturel » : le dialogue fondamental qui constitue l'homme en tant qu'homme, passe sans interruption au dialogue de la grâce qui a nom Jésus-Christ. Comment pourrait-il en être autrement, si le Christ est véritablement le « second Adam », le véritable accomplissement de cette nostalgie infinie qui s'élève du premier Adam, de l'homme en un mot ?

Quel salut nous offre la foi ? Qu'espère la foi ? Et comment l'espérance chrétienne se positionne-t-elle par rapport aux perspectives proposées ici-bas dans le domaine politique et social ? Ces questions furent l'objet d'une rencontre très remarquée, intitulée « L'espérance du salut dans le monde et dans la chrétienté », qui s'est déroulée le 26 septembre 1974, à Munich. Joseph Ratzinger, à l'époque professeur de dogmatique et d'histoire des dogmes à l'université de Ratisbonne, part d'un point de vue théologique pour prendre position de façon nuancée et précise. À la suite de son intervention, le professeur Ulrich Hommes a envisagé à son tour la problématique d'un point de vue philosophique.

LE SALUT DE L'HOMME
DANS LE MONDE
ET DANS LA CHRÉTIENTÉ

I. SALUT – BONHEUR – AVENIR

Au cours du temps, le mot « salut » a progressivement disparu du langage courant pour ne plus être employé que dans le domaine de la théologie. Son sens s'est parallèlement appauvri et affaibli dans la perception ordinaire. Le mot « bonheur » a pris provisoirement sa succession. Mais il ne pouvait recouvrir qu'une partie de ce que signifiait salut autrefois. Il désigne seulement le bien-être du sujet, de l'individu, et il exclut le monde évoqué par le concept de salut. Le sens de ce dernier s'est infléchi au point d'en arriver à exprimer presque l'inverse de ce qu'il désigne : par « salut », on entend que non seulement le monde sera « délivré » mais que je le serai aussi. Le mot « bonheur » évoque davantage pour moi la satisfaction que j'éprouve quant à la « qualité de la vie » et du monde dans lequel je vis, à supposer que je ne fasse pas partie des défavorisés. Toujours est-il que le mot « bonheur » avait perdu beaucoup trop de son sens pour pouvoir être longtemps un *ersatz* tout à fait

91

valable du « salut » ; un autre terme s'est visiblement hissé au premier plan pour partager avec le « bonheur » l'ancienne acception de « salut » ; il se moque du dérisoire mot « bonheur » ou bien l'insulte en le traitant de tout petit petit-bourgeois. Je faisais allusion ici à l'« espoir » et à l'« avenir », des mots qui exercent une fascination accrue parce qu'ils promettent beaucoup plus que ne le pouvait le « bonheur ».

D'une certaine manière, on peut interpréter cette évolution comme une réhabilitation de l'intention qui sous-tendait le terme « salut », mais il s'est encore peut-être plus vidé de son contenu théologique qu'auparavant. Les articles de foi avaient déjà plutôt entravé le bonheur : j'ai lu, il y a de cela quelques années, le texte d'un ancien prêtre qui accusait l'Église de nous avoir avec ses interdictions encore contesté le « peu de bonheur » que de toute façon la vie nous accorde avec parcimonie. Dans un premier temps, le « salut », réduit à la portion congrue, compris en quelque sorte comme le « salut de l'âme », conservait encore sa place dans une anti-chambre de l'existence. Mais on ressentait la plupart du temps le « salut de l'âme » et le « bonheur » comme incompatibles et, quelle que soit la part de « bonheur » susceptible d'être détournée au profit du « salut de l'âme », la relation qu'entretenaient les deux concepts demeurait tendue. À partir du moment où le salut a dû se contenter de sa ration de survie, si l'on peut s'exprimer ainsi, son sens a évolué de manière totalement inattendue. Plus on a compris le « bonheur » en l'opposant à l'« âme », et donc plus on l'a affranchi, plus il est devenu insatiable et exsangue à la fois. Puisqu'il n'avait plus rien pour l'arrêter, l'homme assoiffé de bonheur revendiquait d'autant plus maintenant d'avoir sans restriction, et d'être, ce qu'il voulait ; mais plus l'homme se libérait de ses entraves, plus il ressentait celles qui lui restaient. Il lui suffisait de comparer son bonheur à celui de son voisin, qui ne l'avait guère plus mérité que lui, pour qu'une ombre sinistre vienne obscurcir et ternir le bonheur déjà acquis ; il ne restait désormais plus qu'un seul espoir : obtenir au moins l'équivalent, en prenant comme critères de référence le plus, car ce n'est que de cette manière que l'on pouvait espérer trouver ce qui nous faisait si cruellement défaut. Pour atteindre cet objectif, il n'y avait qu'un seul moyen : rassembler tous les défavorisés ; c'est ainsi qu'on assista à l'émergence d'un nouveau devoir moral de grande envergure : la moralité, rejetée d'abord dans la sphère de l'individu en quête de salut, privatisée, suppliciée, l'ennemi juré du bonheur, prit une nouvelle forme en devenant un mot d'ordre pour la collectivité : tous les déshérités se rassemblèrent pour œuvrer au salut du monde. Le bonheur personnel apparut alors comme un maigre substitut ou comme un petit commerce d'épicier. L'« avenir » réalisable – le temps de la liberté et de l'égalité absolues – rassembla toutes les significations et tous les sentiments que recouvraient « salut » et « bonheur ».

Sous cet éclairage, les études théologiques de l'époque apparaissent encore plus funestes et encore moins adaptées qu'à la lumière de la modeste ampoule du bonheur bourgeois. Ce qui aurait pu encore passer auparavant pour une dernière justification de la cause de la foi soutenue par la théologie, devint le principal chef d'accusation : la foi avait été un facteur de stabilité dans le monde et dans la société, elle avait maintenu tant bien que mal l'ordre du monde et des choses. De ce fait, elle avait empêché, il faut le dire, l'émergence d'un monde meilleur et elle avait défendu ce qu'on ne devait pas défendre mais au contraire détruire. En présentant aux hommes l'espoir du salut de l'âme comme un réconfort, la foi avait atténué les antagonismes du monde actuel et donc incité les hommes à s'accommoder du monde tel qu'il est, au lieu de les inciter à se battre pour l'améliorer. En laissant croire aux hommes que le monde était supportable ou en le rendant presque vraiment supportable grâce à une quelconque bonne action, la foi n'avait pas bien agi, elle avait différé l'élan qui s'amorçait vers une amélioration du monde et elle avait du même coup favorisé ceux-là mêmes qui la redoutaient. C'est donc ainsi que se produisit dans tous les domaines exactement le contraire de ce que voulaient les chrétiens et de ce que pourquoi ils œuvraient : il s'agissait d'oublier les bonnes actions de Dieu, de réveiller le potentiel de la « mémoire nocive », de mettre en évidence toutes les actions néfastes de l'histoire, de marteler les esprits afin d'alimenter la mauvaise conscience qui finirait par faire tomber les barrières protégeant le monde actuel. Au lieu de s'en tenir à l'amour qui cicatrise les blessures, apporte son soutien dans les petits aléas de la vie et console les grandes détresses, il fallait exacerber la prise de conscience de l'iniquité. Cette « prise de conscience » se substituait même à l'amour. La connaissance pure et sans fard de la cruauté du monde – la gnose –, devait devenir le détonateur d'un mouvement visant à abattre les murs qui divisaient afin de faire naître quelque chose de nouveau. Presque plus personne ne soutient aujourd'hui cette thèse. Quelques voix résignées s'élèvent encore, précisément parmi ceux qui s'étaient d'abord faits les champions de la nouveauté – comme Horkheimer dans son œuvre tardive, qui ne trouvait pas la cruauté de la civilisation technique moins préjudiciable à l'homme que ne l'avait été la misère de la société religieuse et qui ne concevait le destin de l'homme que sous son aspect tragique. Mais si la résignation peut apparaître comme une vertu de l'âge, elle n'est pas une attitude constructive dans la vie. Il n'est pas étonnant que la théologie elle-même ait tenté de participer avec un enthousiasme diversement partagé au changement du monde. Qui voudrait se tenir à l'écart d'une action dont le but est que le monde cesse d'être une vallée de larmes ? La question n'est plus aujourd'hui ni de savoir si l'on participe au projet d'un avenir réalisable ni si l'on manipule l'espoir en laboratoire (pour reprendre l'expression d'Ernst Bloch) ; il s'agit plutôt désormais de savoir quels instruments employer et quelle position adopter pour atteindre le but. Mais un homme qui aborde la question du salut sans parler du futur et qui ne propose aucune stratégie susceptible de transformer le monde en profondeur, n'a de l'avis de la plupart de ses contemporains rien dit qui soit digne d'intérêt, quand on ne lui impute pas l'intention de vouloir conserver le monde en l'état.

Mais le propre de la raison est de contredire, de poser des questions précises, de critiquer. Il lui revient aussi de remettre en cause l'opinion dominante. Les faits empiriques que les idéologues et les futurologues mettent en avant incitent à s'interroger. Mais la forme de la pensée dominante d'aujourd'hui est un appel à la contradiction. Faisons juste l'inventaire de quelques questions qui surgissent dès lors qu'on est parvenu à s'extraire de la torpeur dans laquelle nous plonge le rêve fascinant d'un monde futur. La conscience révoltée, la haine attisée par les mauvais souvenirs peuvent-elles générer l'égalité entre les hommes ? Faut-il entretenir la haine fondée sur la jalousie qui empoisonne finalement les hommes ? En faisant table rase du présent, se dirige-t-on vers un avenir meilleur ? Peut-on vraiment fabriquer du « bonheur » et du « salut » en redistribuant les biens ? Qu'est-ce qui nous rend heureux ou malheureux ? Quelles conceptions du bien et du mal guident celui qui refuse toutes les démonstrations d'amour qui adoucissent la vie, en arguant du fait que seul un monde qui pourrait en faire l'économie, serait satisfaisant ? Celui qui, convaincu de la nocivité du passé pour avoir constaté toutes les imperfections du modèle de société qu'il proposait, prétend vouloir assurer le bonheur collectif, celui-là comprend-il bien l'être humain ? Les critères économiques de la société industrielle nous permettent-ils d'apprécier à sa juste valeur la vie de nos ancêtres dans ce qu'elle a de positif ou de négatif, dans ses croyances, dans ses espoirs et dans ses amours ? Peut-on imputer au bilan de l'Histoire les antagonismes générés par la raison technique et économique affranchie par les Lumières ? Peut-on admettre que la situation des pays du tiers monde, bien qu'encore lamentable, soit en voie d'amélioration grâce aux interventions des envoyés de la raison technique occidentale et de la raison révolutionnaire orientale alors que ces deux manifestations de la nouvelle « mission » ont précisément produit la forme spécifique de pauvreté qui nous afflige ?

Nous ferions mieux de ne pas poser les questions en général, mais de nous interroger nous-mêmes très concrètement. Qu'en est-il vraiment, pourquoi la vie vaut-elle la peine d'être vécue aujourd'hui ? Est-ce la perspective que le monde sera devenu meilleur dans une cinquantaine d'années ? Est-ce une aspiration qui donne du sens à la vie, nous anime et nous maintient en mouvement ? Mais cela suffit-il ? Ne serait-ce pas plutôt en réalité la certitude que le monde sera meilleur dans un avenir plus ou moins proche qui rendrait la vie actuelle insupportable et sans espoir ? N'engendre-t-elle pas un fanatisme destructeur ? La vie ne devient-elle pas terne et triste quand on rejette le salut dans l'avenir ? Le discrédit porté sur l'amour et les sentiments n'entraîne-t-il pas la destruction de la condition même du futur ? À ce sujet, il convient de faire quelques observations surprenantes mais symptomatiques de l'état d'esprit de l'homme contemporain : d'où vient le fait que notre société accorde toujours de moins en moins de place aux enfants – à l'avenir de l'homme ? Comment expliquer que l'on veuille en arriver d'office à faire passer l'enfant – l'avenir – pour une maladie, une maladie à traiter et à « curer » (en tuant l'enfant) ? Quelle étrange inversion de notre volonté de l'avenir traduisons-nous en concentrant apparemment tous nos efforts pour combattre, avec une discrétion et une efficacité optimales, le « danger » représenté par la vie nouvelle ? Il y a certes plusieurs explications possibles : en premier, une sorte de claustrophobie à la vue des estimations sur la croissance démographique qui conduirait l'homme à craindre que le futur soit l'ennemi du présent et à défendre son espace vital. Il faut peut-être voir plus loin. Cette attitude ne cache-t-elle pas en fin de compte une autre inquiétude : la vie humaine ne serait-elle pas un défi impossible à relever ? Est-elle un cadeau qui a un sens ? Doit-on la transmettre sans se poser de questions et sans appréhension ? Ou bien, n'est-ce pas en fait un fardeau si pesant qu'il serait préférable de ne pas être né ? Qui répond à cette question, source d'une déstabilisation de l'homme de plus en plus profonde à l'heure de la consécration du futur ? Les stratégies pour un monde nouveau, peut-être ? Certainement pas. Car savoir si cela vaudra le coup demain d'être un homme ne dépend pas du mode de répartition des richesses mais de questions bien plus fondamentales qui hantent l'homme, même si elles ne sont pas exprimées ouvertement.

Réveiller la raison endormie est le premier devoir qui incombe à l'homme responsable (ainsi qu'au théologien). Si la réponse donnée par la foi n'est plus compréhensible, cela ne provient pas de l'acuité de la raison mais au contraire de son épuisement. Celui dont la réflexion se cantonne aux statistiques ne trouve pas son compte dans la foi du Christ. L'indigence de la théologie actuelle résulte en grande partie, me semble-t-il, de son manque de courage. Là où elle a failli à sa tâche, il ne reste plus qu'une alternative : soit de se conformer à l'esprit ambiant soit de proclamer l'inexplicable. Mais alors on se sert d'un jugement sur la foi chrétienne comme d'un alibi qui, sans justifier la foi chrétienne, laisse au moins apparaître le théologien concerné comme un contemporain plein de bon sens, avec lequel on peut discuter. On ne pourra plus longtemps progresser sur cette voie empruntée par des théologiens qui tentent de sauver leur peau en lançant l'anathème sur toute l'histoire de l'Église. Que vaut en effet le « bon sens » d'un seul théologien lorsque la cause qu'il défend a pris des formes qui heurtent le bons sens ? Si la théologie va au-delà de l'affirmation personnelle du théologien, alors il ne convient pas de mettre d'abord en relief le bon sens personnel de ses représentants ; le théologien doit d'abord et avant tout fournir des informations simples et utiles sur les enseignements de la foi, sans laquelle il n'y aurait pas de théologie. Cela ne contredit en aucun cas ce que nous avons affirmé précédemment : la foi a besoin de la raison pour être comprise et pour être mise en pratique. Mais elle a surtout besoin d'une raison qui ne veuille pas seulement être productive mais qui puisse au contraire percevoir tout ce qui se présente à elle. La foi a besoin d'une raison qui écoute. C'est pourquoi le début de toute théologie est d'abord de replacer l'écoute dans son droit et d'accepter les informations telles qu'elles sont données quand bien même elles iraient à l'encontre de nos attentes du moment. Les grandes opportunités de la raison viennent toujours de l'imprévisible.

II. LA RÉPONSE DES SOURCES DE LA FOI

Venons-en donc maintenant à la question que l'époque actuelle a laissée en suspens : que nous dit la foi sur le salut ? Afin que notre propos ne déborde pas trop du cadre imparti, il convient de la cerner de manière très précise et de la limiter, quitte à ce que nous laissions malheureusement de côté beaucoup d'aspects de ce vaste sujet. Notre questionnement concerne globalement la relation entre l'espérance du salut dans la chrétienté et dans le monde. Cela nous amène d'emblée, au regard des attentes déjà évoquées du monde laïc pour son avenir, à nous demander quel type d'espoir la foi nous propose : que peut espérer l'homme d'après le message transmis par le Nouveau Testament ? Compte tenu de ce que nous venons de dire, nous aimerions d'abord essayer d'écouter, sans commentaire si possible, sans interprétation, les renseignements que nous livrent les textes. Ce qui ne va pas manquer de soulever immédiatement une objection, car on pourrait estimer qu'une telle approche relève de la naïveté dans l'herméneutique : la compréhension d'un texte ne dépendrait que de la façon dont on l'interroge et de la position adoptée pour le faire. C'est juste. Et pourtant l'identité de la foi n'est pas accessible uniquement dans les sphères nuageuses de l'herméneutique. La foi elle-même prétend être simple, elle se veut un enseignement destiné aux êtres simples. Elle refuse elle-même que la seule « gnose », la connaissance savante, puisse la transmettre et que celui qui ne pratique pas l'herméneutique soit relégué éternellement dans le domaine du « psychique » et finalement dans l'ignorance. La foi s'est elle-même élevée contre cette tendance à l'hermétisme qui s'était déjà développée au premier siècle en lui opposant la profession de foi, le

« symbole », comme la marque de reconnaissance de l'identité chrétienne. C'est parce qu'il est simple que le symbole atteint l'essentiel, et par là-même se prête toujours à de nouveaux commentaires et que l'on n'en mesure jamais complètement l'étendue. Seul ce qui est simple est incommensurable ; le chemin de la complexité ne mène pas plus loin, il nous ramène toujours de nouveau vers la simplicité. Nous devons néanmoins, sans nier le caractère incommensurable de la foi, commencer par écouter tout simplement. Pour illustrer mon propos, j'ai choisi un texte dans lequel Paul, en opposition à la *sophia*, à l'érudition des Corinthiens, défend la profession de foi de l'ancienne Palestine dans la forme concise et irréductible de son affirmation effective, afin de montrer le but du chrétien et sur quels fondements il bâtit sa vie : « Mais si le Christ n'est pas ressuscité, vide alors est notre message, vide aussi votre foi. Il se trouve même que nous sommes des faux témoins de Dieu, puisque nous avons attesté contre Dieu qu'il a ressuscité le Christ, alors qu'il ne l'a pas ressuscité, s'il est vrai que les morts ne ressuscitent pas. Car si les morts ne ressuscitent pas, le Christ non plus n'est pas ressuscité. Et si le Christ n'est pas ressuscité, vaine est votre foi ; vous êtes encore dans vos péchés. Alors aussi ceux qui se sont endormis dans le Christ ont péri. Si c'est pour cette vie seulement que nous avons mis notre espoir dans le Christ, nous sommes les plus à plaindre de tous les hommes... Si c'est dans des vues humaines que j'ai livré combat contre les bêtes à Éphèse, que m'en revient-il ? Si les morts ne ressuscitent pas, mangeons et buvons, car demain nous mourrons. Ne vous y trompez pas : "Les mauvaises compagnies corrompent les bonnes mœurs." Dégrisez-vous, comme il sied, et ne péchez pas ; car il en est parmi vous qui ignorent tout de Dieu. Je le dis à votre honte. »

La réponse est claire : le chrétien espère la résurrection

des morts. Cela doit d'abord être dit sans équivoque bien qu'aujourd'hui cela puisse paraître naïf et relever du mythe, à une époque où tout conduit à interpréter cette affirmation de façon affaiblie, voire à modifier son contenu avant même de l'avoir énoncé. Si l'on fait l'économie de cette démarche, on se fourvoie déjà sur des chemins de traverse. Pour Paul, le sens de la prédication chrétienne est lié à *cette* attente ; sans elle, la foi et la prédication sont vaines, la vie chrétienne est absurde [1]. Dans l'histoire du dogme, cette affirmation a été développée dans deux directions différentes :

a) La certitude de la résurrection des morts implique l'espérance d'un « ciel nouveau » et d'une « terre nouvelle », c'est-à-dire la certitude de l'accomplissement du sens positif du cosmos et de l'histoire, la certitude que l'un et l'autre ne seront pas jetés aux ordures, qui enseveliraient froidement le sang et les larmes versés par nos contemporains comme de vaines illusions [2]. L'image d'un « ciel nouveau » et d'une « terre nouvelle » a plutôt en fin de compte une signification globale qui intègre toutes les significations particulières. Les significations particulières se fondent dans la signification globale, elles en font partie, mais le tout n'est ni la somme ni le produit des parties. Assurément la réduction de la réalité au dualisme du matériau et du produit qui s'opère dans la philosophie des temps modernes et qui se traduit dans la pratique de l'ère de la technique, est devenue une fatalité pour l'homme ; celui-ci perçoit pour la première fois véritablement la contradic-

---

1. En ce qui concerne la « résurrection des morts », question que je n'aborderai pas ici et qui peut être envisagée à la lumière des recherches actuelles, je me permets de vous renvoyer à mon livre *Einführung in das Christentum* (Munich 1970), pp. 289-300.

2. Cf. J. Ratzinger, *Dogma und Verkündigung* (Munich 1973), pp. 301-314

tion entre la volonté et l'œuvre. Le règne universel de ce schéma de pensée et de vie fait apparaître comme vraiment dénué de valeur ce qui ne serait pas un produit et ne pourrait être obtenu par un travail calculé. C'est pourtant là précisément que l'espérance prend son véritable sens, au moment où nous pouvons espérer quelque chose au-delà de ce que nous produisons. Aussi le renvoi au ciel nouveau et à la terre nouvelle est-il une profession de foi qui autorise l'homme à espérer et ce n'est que cette référence qui confère un sens à ses productions[1].

b) Au cours de l'histoire des dogmes, un deuxième aspect de la question a été exprimé de façon de plus en plus claire : l'accomplissement individuel de chaque être est inclus dans la promesse chrétienne, la vie transcende la mort. En 1336, le pape Benoît XII formule cette idée dans la bulle *Benedictus Deus* : « Les âmes [...] des croyants morts, [...] qui n'ont pas besoin de purification supplémentaire, [...] sont déjà bien avant la Résurrection et le Jugement dernier [...] dans le ciel [...] et voient l'être de Dieu en face[2]. » Il faut le dire très clairement : le chrétien espère le Ciel – encore de nos jours. Dans un monde qui connaît la loi de la conservation de l'énergie, le chrétien ne s'étonne pas que cette énergie mystérieuse que nous appelons « esprit » ou « âme » demeure intacte ; il lit son principe fondateur au travers de tout ce qui le voile pour entrer en communion avec lui et par là, avec l'ensemble de la création

Il est encore nécessaire ici de faire une remarque.

---

1. Cf. R. Schaeffler, *Die Religionskritik sucht ihren Partner* (Freiburg 1974), pp. 47-57, dans lequel ce problème est traité de manière extrêmement claire sous le titre « Jenseitskritik und Ressentimentverdacht ».

2. Denzinger-Schönmetzer 1000-1002 ; cf. mon article *Benedictus Deus* dans : LThK II, pp. 171 et suivantes.

Nous avons parlé du « ciel » lorsque nous nous sommes interrogés sur l'espérance que chaque vie humaine pouvait trouver au-delà de la mort, mais nous n'avons pas évoqué l'enfer, qui n'est pas une « espérance », mais marque la fin de l'espérance et radicalise le phénomène de la mort. Ce faisant, il faut mentionner que le célèbre sociologue P.L. Berger dans sa quête d'une justification nouvelle et analogique de la croyance en la transcendance – en Dieu – prend en compte l'« argument de la damnation éternelle » : « Il s'agit en fait de réalités qui dépassent tellement notre entendement que la seule réaction adaptée ne peut être que la fuite en dehors de cette dimension surnaturelle... Ce qui m'occupe n'est pas de savoir comment on peut expliquer l'attitude d'un Eichmann ou la façon dont on aurait dû procéder avec lui... Car nous sommes confrontés ici à un cas pour lequel la damnation est une nécessité absolue et impérative... Le refus de la damnation, dans l'absolu, ne serait pas seulement une preuve *prima facie* d'une justice mal comprise, mais, pire encore, ce serait une grave offense portée à l'humanité[1]. » Redisons-le : l'espérance chrétienne s'appelle le ciel ; si la doctrine chrétienne n'ignore pas le mot enfer, cela signifie que l'espérance chrétienne implique la certitude d'une véritable justice, qui peut aussi se traduire par la malédiction dans les cas où l'injustice est enracinée au plus profond d'une vie humaine.

Face à de telles informations, livrées par les textes fondateurs de la foi, la question suivante est incontournable : n'y a-t-il rien qui soit promis à ce monde et à ce temps ? Ce qui nous amène à une troisième constatation :

---

1. P.L. Berger, *Auf den Spuren der Engel* (Reinbeck 1970), p. 96.

c) Le christianisme n'exprime nulle part l'espoir d'un progrès inscrit une fois pour toutes dans l'Histoire, pas plus que celui d'une société qui serait définitivement sauvée. L'idée de progrès a pris naissance dans le monde chrétien, mais elle n'a rien de fondamentalement chrétien, si on y voit une représentation de l'augmentation du bien-être qu'on peut déterminer dans le monde et appliquer à la collectivité. On peut préciser avec une quasi-certitude le moment où l'idée de progrès apparaît, dans l'œuvre de l'abbé calabrais Joachim de Flore (*ca* 1130-1202), sous la forme d'une projection de la foi Trinitaire dans l'histoire. Joachim de Flore donne une interprétation verticale de l'histoire dans laquelle se succèdent le temps du Père (Ancien Testament), puis celui du Fils (Nouveau Testament) et enfin celui du Saint-Esprit. Ce moine pieux, qui fonda un ordre et fut béatifié, envisageait l'avenir dans la perspective de la foi et du monachisme : le temps de l'Esprit devait enfin tenir la promesse du Sermon sur la montagne, qui annonçait la réconciliation des Romains et des Grecs, des Juifs et des chrétiens ; ce devait être le temps des moines dans lequel tous vivraient ce que Benoît et les grands fondateurs d'ordres avaient vécu par avance de manière exemplaire pendant le temps du Fils[1]. Ernst Benz a décrit les étapes que l'idée d'une espérance religieuse a empruntées pour évoluer vers un programme politique séculier ; en passant par Hegel, la conception du modeste abbé a pris la forme d'une puissance à l'œuvre dans l'Histoire jusqu'à nos jours[2]. En outre, Joachim n'était pas loin de penser qu'il était possible de travailler à l'avènement du futur,

---

1. Cf. l'article que j'ai écrit sur Joachim de Flore, dans LThK V, p. 975 et suivantes, ainsi que la bibliographie mentionnée.

2. Cf. l'étude sur l'influence de Joachim par E. Benz, *Ecclesia spiritualis* (Stuttgart, 1934) ; K. Löwith, *Weltgeschichte und Heilsgeschehen* (Stuttgart 1953), pp. 136-147.

de le préparer pour lui ouvrir la voie ; il faut comprendre l'ordre qu'il fonda comme une tentative de ce type pour anticiper l'avenir.

On peut très bien comprendre que la profession de foi Trinitaire ait été transposée dans l'Histoire sous la forme d'une logique de succession par étapes : la déception provoquée par le monde réel a toujours éveillé en l'homme le désir de l'âge d'or ; dès lors que l'espérance dans le retour prochain du Christ s'affaiblissait, l'écart entre l'annonce prophétique de l'Ancien Testament et la réalité effective de l'Église ne pouvait pas manquer de faire naître des projets ayant pour dessein d'établir une Église authentique et un monde définitivement délivré. L'Église a rejeté, à juste titre, cette idée comme un détournement de sa profession de foi lors de la dramatique querelle qui s'est déroulée au XIIIe et au XIVe siècles. L'espérance chrétienne pour ce monde doit être radicalement reformulée en s'appuyant sur la Bible et sur les professions de foi majeures. Pour la Bible, ce monde sera toujours tourments et désolations. Il n'est pas nécessaire pour le prouver de se référer à l'Apocalypse, car cette vision du monde émaille toutes les pages du Nouveau Testament. Cette vision s'exprime sans doute de la manière la plus frappante dans le discours d'adieu de Jésus à ses disciples dans l'évangile de saint Jean. Citons la dernière phrase de la prière dite du grand prêtre : « Je vous ai dit ces choses pour que vous ayez la paix en moi. Dans le monde vous aurez à souffrir. Mais gardez courage ! J'ai vaincu le monde » (Jn 16 : 33).

Il n'est nulle part question dans la Bible d'un progrès collectif établi ou susceptible de l'être. On y trouve néanmoins une promesse faite au croyant en ce qui concerne sa vie sur terre ; elle n'a rien à voir avec les espérances du futur émises en son temps par Joachim. L'évangile de saint Marc nous rapporte une question de

Pierre : celui-ci s'inquiète de savoir ce que les disciples recevront en guise de récompense après avoir tout abandonné pour l'amour de Jésus. Et Jésus donne une réponse énigmatique qui traduit d'une manière étonnante l'imbrication de l'espérance de la Foi et du bonheur terrestre, et montre le lien entre « l'ici-bas » et « l'au-delà » : « En vérité, je vous le dis, nul n'aura laissé maison, frères, sœurs, mère, père, enfants ou champs à cause de moi et à cause de l'Évangile, qui ne reçoive le centuple dès maintenant, au temps présent, en maisons, frères, sœurs, mères, enfants et champs, avec des persécutions, et, dans le monde à venir, la vie éternelle » (Mc 10 : 28,30). Qu'est-ce que cela signifie ? À première vue, il est question du missionnaire qui reçoit au centuple ce qu'il a donné en annonçant la Parole et en édifiant l'Église : tout lui appartient, puisqu'il n'a rien. Au milieu des persécutions, des hostilités et des difficultés, celui qui proclame l'Évangile est riche et comblé au-delà de toutes les espérances humaines. La logique qui s'appliquait dans l'Ancien Testament à la tribu de Lévi et à ses prêtres, s'applique désormais à celui qui annonce la Parole de Jésus-Christ. La tribu de Lévi ne reçoit aucune terre, il ne lui revient comme part « que » Dieu ; le droit des prêtres dérive du droit des pauvres [1]. Mais c'est précisément ce qui fait la richesse de la tribu de Lévi : puisque rien ne lui appartient, tout lui appartient. Il est donc bien question ici de la situation spécifique de celui qui part en mission et qui, dans le dénuement de la parole, reçoit la richesse de la réponse. On peut affirmer qu'on vient ainsi d'énoncer le rapport fondamental qu'il y a entre le renoncement aux biens matériels que suppose la foi et la richesse qu'on tire déjà ici-bas de ce renonce-

---

1. Cf. H.J. Kraus, *Psalmen* I (Neukirchen 1960), pp. 118-127 (Commentaire du Psaume 16).

ment ; cette richesse s'impose avec une évidence particulière dans le contexte de la persécution. Les peines terrestres ne sont pas supprimées et pourtant il y a aussi dans ce monde, ici-bas, une confirmation de la promesse qui est inhérente à la foi.

III. L'OBJECTION : LA FAUSSE ESPÉRANCE ?

Le message délivré par les textes fondateurs – dont nous avons défini les grandes lignes dans les limites que nous nous sommes imposées – nous amène tout naturellement à nous poser une autre question : qu'est-ce que cela signifie, qu'est-ce que cela signifie pour nous, ici et maintenant ? La réponse à la question de départ sur l'espoir des chrétiens est désormais très claire : le chrétien espère la vie éternelle. Celui qui tait ou conteste cela ne parle plus du message chrétien du Nouveau Testament mais se perd dans des inventions personnelles sans fondement et sans intérêt. Donc, *summa summarum*, on va nous reprocher de faire de fausses promesses sur l'au-delà. Je crois que l'on devrait ici d'abord, avant de passer aux considérations suivantes, réfuter déjà la simple objection de fausse promesse, et ce pour différentes raisons :

a) Qu'il nous soit permis de poser une contre-question : quel est celui qui fait une fausse promesse ? Que signifie cette expression en soi ? On répondra : celui qui ne change rien, voilà celui qui fait de fausses promesses. Le contraire de la fausse promesse, c'est l'action, le changement qui rend la consolation superflue. Mais est-ce bien certain ? Ne fait-il pas de fausses promesses celui qui amorce un changement mais qui ne peut en promettre le succès qu'au mieux dans cinquante ans ? Car à qui profitera le changement qu'il annonce ? Admettons que ce changement soit couronné de succès (ce que tout vient démentir), vient-il en aide à celui qui souffre en ce moment ? Et quel est le coût de ce changement ? Combien de victimes faudra-t-il assumer, combien de destructions, pas seulement matérielles, mais aussi au plus profond de l'homme ? Dans *Bolivar*, Kasimir Edschmid a dépeint en des scènes bouleversantes la monstruosité des destructions économiques, physiques et morales qu'a provoquées la lutte menée par les États d'Amérique du Sud pour se libérer de la domination des Espagnols, jusqu'à la fin tragique de Bolivar qui, torturé par son propre gouvernement, meurt dans la maison d'un Espagnol. Ce combat était vraisemblablement inévitable. Mais quand on constate que le fruit de toutes ces destructions massives n'est que le déchirement des nations de l'hémisphère sud, dont la misère nous bouleverse encore aujourd'hui, on est en droit de se demander si ceux qui participèrent à ce combat ne furent pas trompés de manière éhontée et victimes d'une « fausse promesse ». Il n'est même pas nécessaire de remonter cent cinquante ans en arrière : dans *Août 14*, Alexandre Soljénitsyne a transcrit avec une précision quasi photographique le credo de l'adepte des lendemains qui chantent en faisant brièvement dialoguer un médecin militaire et un aspirant progressiste, à l'arrivée des premiers blessés de la guerre. « Des actions isolées de prétendue miséricorde – voilà ce que dit l'aspirant au médecin étonné – nuisent simplement à la mise en œuvre d'une solution globale et elles la retardent, dans le cas de cette guerre comme partout en Russie – plus ça ira mal, mieux ce sera ! Le médecin s'inscrit alors en faux : « Comment cela doit-il se concrétiser ? Alors c'est bien qu'ils soient blessés – c'est bien. Qu'ils soient fiévreux, frissonnants, qu'ils délirent, qu'ils attrapent une infection... On laisse nos soldats souffrir et mourir – et ensuite ça devrait aller mieux ? – L'aspirant explique alors au médecin sa position : « Nous devons avoir une *vision globale* afin de ne pas nous faire duper. Qui n'a pas souffert le martyre en Russie et qui ne souffre pas encore aujourd'hui ! Les souffrances des blessés peuvent s'ajouter tranquillement à celles des travailleurs et des paysans. Les inégalités dans la médecine servent aussi notre cause. Cela nous fait progresser vers notre but. Plus ça va mal, mieux c'est ! » Celui qui s'est entretenu un jour avec l'un de ces adeptes du futur sait que ce dialogue n'est pas inventé. Il dévoile le véritable état d'esprit qui sous-tend *L'Archipel du Goulag*. Le lecteur ressent combien il en coûte de prendre lentement conscience que cette manifestation de l'horreur n'a pas pris naissance malgré le combat mené pour un avenir meilleur, contre les fausses promesses, mais qu'elle en est bien au contraire le produit direct et l'exacte expression.

Celui qui approfondit de telles corrélations verra nécessairement se résoudre l'opposition entre la fausse promesse et le changement. Le futur réalisable cessera pour lui d'être le véritable sens à donner au salut. Tout récemment Helmut Kuhn a décrit très précisément ce qu'a de fascinant et de destructeur le credo en un monde réalisable : « Mais en outre le mot "bien" signifie pour le partisan du futur ce qui est moderne et ce qui viendra ensuite, car l'histoire est progrès ; être bien signifie être progressiste, et le mal est l'attitude réactionnaire. La verticalité est remplacée par l'horizontalité. Le mot d'ordre n'est plus *Sursum corda* (élevez vos cœurs) ! Mais : soyez des avant-gardistes ! Le passé est ce dont tu dois t'émanciper ; le présent, l'objet de la critique sociale ; l'avenir est tout : ce qui n'est pas ou n'est pas encore –. C'est le rien activé – l'araignée parasitique qui, aussi longtemps qu'elle a encore de l'appétit, couvre la réalité de sa toile idéologique et l'enferme dans ses filets[1]. »

b) Le renvoi à la vie éternelle est certainement lié au réalisme qui dénonce le progrès collectif de l'humanité comme un mirage et qui lui oppose la réalité effective d'un monde où l'on doit toujours de nouveau lutter pour l'humanité, dans laquelle il sera toujours difficile d'être un homme. Mais ce réalisme implique aussi, dès qu'on est convaincu de la réalité de l'éternel, la certitude qu'il sera néanmoins toujours *possible* d'être un homme, justement parce que le ciel existe ; le ciel ne se situe en aucun cas seulement dans le futur, mais est une réalité de la plus haute signification pour le présent. Dans cette mesure, il ne s'agit pas de fausse promesse, le qualificatif « fausse » devient caduc, la promesse trouve sa place et existe dans la réalité.

c) Si la vie éternelle est une réalité, alors la référence au ciel n'est pas une fausse promesse. Cela ne doit pas être passé sous silence. Parce qu'ensuite cela change tout ; la signification de chaque pas accompli dans la vie s'en trouve modifiée. La question dont il s'agit ici est tellement cruciale qu'elle ne peut être mise entre parenthèses pour s'occuper provisoirement d'affaires plus pressantes. Du moins la *question* ne souffre-t-elle pas d'être éludée. Et si la *praxis* est un critère de vérité, alors elle fournit ici précisément une réponse importante. Plus la ferveur pour la vie éternelle est vivante en l'homme, plus celui-ci devient « humain » et plus il est facteur d'humanité. Le dynamisme des saints ne se comprend qu'à par-

---

1. H.Kuhn, *Zukunftsmusik,* dans *Notwendige Bücher.* H.Wild, en l'honneur de son soixante-cinquième anniversaire (Münich 1974), p. 55.

tir de cet élément déterminant qui est entré dans leur vie et qui en a transformé fondamentalement la dimension. Parmi toutes les horreurs que l'histoire de l'Église a connues, il est clair que la destruction et l'indifférence ne venaient pas de ceux qui étaient vraiment remplis de la foi en la vie éternelle. De Benoît en passant par François d'Assise jusqu'à Bartolomé de Las Casas, Pierre Claver et Vincent de Paul, les véritables croyants sont des vecteurs de lumière qui ont enseigné à l'humanité ce que pouvait signifier être un homme ; ils ont été les grands consolateurs, ils n'ont pas proféré de fausses promesses mais ils ont guéri. Il est peut-être aussi utile de mentionner, parallèlement à ces grandes figures qui ont rendu visible le ciel sur terre et qui ont rendu vivable la vie sur terre, un exemple tout à fait caractéristique, quoique peut-être plutôt abstrus, de la façon dont l'apparition de l'éternel à la fin de la vie d'un homme lui a malgré tout entrouvert la voie de la consolation, à l'endroit où l'intervention de la critique sociale eut été légitime. Lorsque le duc Louis le Barbu d'Ingolstadt en Bavière sentit l'heure de sa mort approcher en l'année 1434, il prit conscience qu'il avait manqué beaucoup de choses dans sa vie, que des biens mal acquis entachaient ses mains, que ses méthodes n'avaient pas toujours été justes et droites. Seule la prière constante, pensa-t-il, pouvait encore le sauver, la prière venant des pauvres à qui le royaume du ciel est promis. C'est ainsi qu'il fonda une maison de charité pour une quinzaine de pauvres, qui, aussi longtemps qu'irait le monde, devraient vivre de son héritage et prier pour lui[1]. On a souvent ri de la peur médiévale de l'Au-delà, telle qu'elle s'exprime dans ce genre de testament. Mais n'aurait-il pas été préférable

---

1. B. Hubensteiner, Ingolstadt Landshut München, *Der Weg einer Universität* (Ratisbonne 1973), p. 13.

qu'elle le hante au milieu de sa vie plutôt que seulement à la fin ? Cette crainte que la justice soit une réalité, une force qui puisse demander des comptes, était l'angoisse des uns et l'espoir des autres. La transformation de leur angoisse en espoir pouvait aussi modifier la peur de ceux qui avaient à juste titre matière à craindre.

IV. L'ÉTERNITÉ EN TANT QUE PRÉSENT

Que signifie en fait l'expression « attendre la vie éternelle » ? Que veut-dire au juste pour un homme « croire en la vie éternelle et espérer sa venue » ? La réponse à ces questions s'est esquissée au cours des réflexions précédentes. Cette croyance n'est pas comparable à toutes ces connaissances qu'on emmagasine pour les oublier ensuite, elle détermine au contraire fondamentalement l'assise de la vie spirituelle et, ce faisant, celle des autres dimensions de la vie. J'aimerais oser proposer une thèse : le bonheur de l'homme (dans *cette* vie !) est subordonné à l'existence de la vie éternelle. L'espérance de la vie éternelle est très loin d'être un simple report du salut dans un temps ultérieur. Elle est au contraire la condition pour qu'il y ait du « salut » – du bonheur en quelque sorte. Et ce, de quelle manière ? Si l'éternité n'existe pas, si l'esprit n'est pas le principe créateur qui précède, s'il est une conséquence dérivée du hasard, alors la réalité *en soi* n'a pas de sens. Alors l'homme ne peut rien changer en profondeur. Car il est aussi lui-même en soi un organisme dénué de sens. Il est capable certes d'élaborer des explications pour ainsi dire parcellaires dans des domaines spécifiques sans être toutefois en mesure de modifier la qualité de l'ensemble. Car de telles productions ne pourront transformer ni l'être en tant que tel ni la réalité dans sa globalité. Le sens particulier donné n'est alors qu'un jeu dans et sur l'absurde. La vie humaine en subit les conséquences. Elle peut, il est vrai, se réfugier par moments dans les significations particulières qu'elle conçoit. Mais comme la vie à sa base confine à l'absurde, alors le pouvoir de l'absurde restera l'élément déterminant au cœur de toute pensée, de tout être et de toute action. Robert Spaemann a décrit de manière convaincante comment une telle dichotomie entre le sens et l'être n'offre à l'homme qu'une alternative : devenir fanatique ou cynique. « Le fanatique se trouve confronté à une contingence absurde et prend le parti du sens, le parti de l'amour, de la communication et de la raison contre la réalité. C'est en agissant qu'il crée du sens. C'est pourquoi aucune sorte de règles morales ne vient entraver la poursuite de son but, puisque son but avant tout constitue la morale. Son échec serait le pire de tous les maux parce que le monde, en l'état, est le pire de tous ceux qui peuvent exister. Le contraire du fanatique est le cynique. Le sens, la raison et le bonheur sont pour lui des épiphénomènes masquant une contingence absurde. Qu'il soit dans l'action ou qu'il observe les choses avec plaisir, il s'oriente d'après cette contingence, de la force qui s'oppose au sens, lequel n'est qu'une illusion. Tout lui est permis à lui aussi comme au fanatique, à la différence près qu'il ne s'encombre ni de justification morale ni de justification historico-philosophique. Le fanatisme et le cynisme s'opposent mais se rejoignent aussi comme tous les extrêmes. Le cynique est souvent un fanatique déçu qui ne croit plus dans la possibilité de réaliser son but et qui ne recherche plus que le pouvoir, ayant cessé désormais de rechercher le sens [1]. »

---

1. R. Spaemann, « *Die Frage nach der Bedeutung des Wortes "Gott"* », dans : *Internat. Kath. Zeitschrift "Communio"* 1 (1972), pp. 54-72, citation : p. 71

Mais comment cela se manifeste-t-il dans le domaine politique ? Ne nous sommes-nous pas réfugiés dans la sphère privée et personnelle et n'avons-nous pas, par ce renoncement, favorisé en réalité la position de ceux qui détiennent aujourd'hui le pouvoir, n'avons-nous donc pas pris tranquillement leur parti ? En fait, l'alternative décrite par Spaemann touche en profondeur les décisions politiques qu'il ne faut pas dissocier du choix fondamental que l'on opère entre le sens et le non-sens du monde. Nous nous retrouvons donc dans le domaine politique devant une alternative qui reflète et prolonge l'opposition entre le cynisme et le fanatisme. La querelle des dernières années les a démarqués de manière très nette. D'un côté, nous avons vu s'exprimer la rationalité positiviste dédouanée de tout jugement de valeur, qui prétend agir et juger seulement d'après l'objectivité immanente à chaque domaine. De l'autre côté, se trouve la critique de tout ce qui existe, qui mesure le monde à l'aune d'une société libre et égalitaire, affranchie de tout contrôle. Elle dénonce la prétendue objectivité d'intérêts dissimulés. Elle est si radicale dans sa démarche qu'elle condamne les réformes en les qualifiant de « réformisme » et ne voit de planche de salut que dans la mobilisation de toutes les forces en vue d'un changement total. Là où l'engouement pour la « justice » et la « liberté » séduit, le dogmatisme, qui juge le présent et le détruit d'après des visions d'avenir illusoires, a quelque chose d'effrayant. On comprend aisément la fuite dans la pure objectivité, dans la rationalité sèche, mais il faut au préalable apporter une réponse à la question critique du choix des critères de l'objectivité et de la « chose » à laquelle elle se réfère pour les apprécier. Helmut Kuhn a très bien montré l'insatisfaction qui naît de cet enfermement dans le positivisme. L'homo faber (dit-il) « réussit à faire ceci ou cela, et ce qu'il fait est 'bien' quand l'objet remplit parfaitement la fonction particulière qu'il lui a assignée. L'homme fabrique des véhicules, et ces véhicules sont adaptés à transporter un maximum de personnes dans un minimum de temps entre deux points éloignés. Ou alors l'homme produit des armes, qui sont parfaites dans la mesure où elles sont capables de détruire un maximum de personnes... dans un minimum de temps. Mais la question de savoir si c'est une bonne chose pour l'homme de le transporter en masse aussi vite que possible en temps de paix ou de le tuer en temps de guerre, cette question ne relève pas de la compétence de l'homo faber. »[1] L'indigence du positivisme éclate dans ces phrases. La politique a besoin d'un maximum de rationalité objective qui, sans fanatisme dogmatique, de quelque obédience qu'il soit, cherche à faire le plus de bien possible. Mais pour y parvenir, la raison a besoin d'avoir une idée de ce qu'est le bien ; sans cela l'objectivité devient le jouet de divers intérêts. La foi chrétienne s'élève contre la théologisation irrationnelle de la politique ; elle la veut raisonnable car elle laisse ce monde être ce monde. Elle ne supprime pas la raison, elle la fait naître et elle l'assure de son soutien dans la mesure où la raison prend pour échelle l'éternité qui lui permet de se libérer.

Que devons-nous faire ? Cherchons une réponse dans le passé et dans le présent ; une remarque de Helmut Kuhn peut nous éclairer : « Les nations de l'Europe se sont efforcées à travers les siècles, avec plus ou moins de succès, de trouver une sagesse politique qui concilie le bien collectif et la liberté individuelle, le pouvoir et l'égalité, la puissance étatique et les enjeux supranationaux. Pourtant, dans un système où l'avenir exige de faire couler le sang, tous ces efforts se révèlent vains, se révèlent

---

1. H. Kuhn, *Der Staat* (Munich 1967), p. 26 et suivantes.

n'être qu'un cache-misère pour masquer l'ignominie de l'oppression [1]. » Ce que le chrétien doit faire : recourir à la raison en prenant l'éternel pour échelle, de telle sorte que la raison puisse comparaître devant le tribunal de l'éternel. La foi est exigence faite à la raison d'être elle-même. La foi lui interdit seulement la déraison qui se refuse à voir les choses telles qu'elles sont, qui n'aspire pas à la découverte et à la réalisation du possible mais qui, sous l'emprise de modèles irréels, sabote le possible par l'impossible. La mission de la foi consiste à faire preuve de bon sens et de responsabilité ; or, il n'y a de responsabilité qu'à l'endroit où la « référence » existe, d'après laquelle nous serons, en fin de compte, jugés.

À quoi la foi sert-elle donc ? Elle sert à soutenir l'homme dans sa vie, dans ses joies et dans ses souffrances. La révolte contre la souffrance qu'on nous enseigne aujourd'hui et qui se prétend être une libération, ne met pas un terme à la souffrance, elle ne fait que la rendre encore plus insupportable. Mais la foi ne met pas non plus un terme à la souffrance, elle donne aux hommes la capacité de la supporter et de l'assumer. L'homme n'a pas besoin de maîtres à penser pour lui enseigner la révolte (il en est capable par lui-même), il a besoin de maîtres à penser la révolution qui dévoile la joie au cœur de la souffrance et qui, là où le sentiment de bien-être cesse, ouvre la voie sur le véritable bonheur. Celui qui lit le Cantique du Soleil de saint François, celui qui apprend à comprendre cet homme plongé dans la nuit la plus profonde, tant physique que morale, qui fut encore capable, après avoir vu ses espérances s'effondrer, de rendre grâce au Seigneur pour sa sœur la mort, celui-là sait que seul le ciel – et uniquement lui – peut éclairer la terre.

---

1. H. Kuhn, *Zukunftmusik* (cf. rem.9), p. 55.

C'est ainsi que la boucle se referme pour terminer sur la question que nous reposons ici : quel salut propose la foi ? Qu'espère la foi ? Nous devons encore dire d'abord que la foi n'espère pas un paradis politique et économique – pour elle, il ne s'agit là que d'une facétie du Mal qui trompe les hommes et les rend esclaves ; nous sommes tous en mesure de dire combien c'est vrai. D'un point de vue terrestre, la foi attend un monde qui sera toujours plein de tourments ; elle attend un monde dans lequel il sera toujours presque insupportablement difficile d'être un homme ; elle attend un monde dont l'humanité se dérobe constamment, mais qui a de nouveau et toujours besoin que les hommes deviennent des hommes. Mais parce que la foi croit en la venue d'un autre monde et l'espère, elle sait qu'il est toutefois beau et méritant de se battre dans ce monde pour la vérité et pour la justice. Parce que la foi espère un autre monde, elle peut rendre l'homme heureux dans le combat qu'il mènera pour découvrir ce qu'il reconnaît comme permanent. Le royaume qui « n'est pas de ce monde », et lui seul, rend ce monde vivable et digne d'être vécu. La foi ne remplace pas la politique mais elle fournit quelque chose de décisif sans lequel toutes les réflexions et les certitudes de la politique buteraient dans le vide : la conscience qui rend l'homme digne de confiance. La foi agit de telle sorte qu'il y ait toujours des hommes à qui l'on puisse faire confiance en dépit des apparences et qui, eux-mêmes, vivent de la confiance. C'est dans cette mesure que la croyance dans le monde de l'Au-delà est la condition nécessaire pour que l'on puisse vivre dans ce monde. Parce que la foi est placée dans l'Au-delà, elle est précisément dans l'ici-bas et, dès qu'elle perd son lien avec l'Au-delà, elle ne devient qu'un spectre vide ; le monde d'ici-bas devient alors une maison hantée dans laquelle les esprits du cynisme et du fanatisme entrent et sortent. Quand on affirme que l'Au-delà est une fausse promesse, l'ici-bas devient désolation. Mais la véritable consolation embrasse le ciel et la terre à la fois. Parce que la foi est vraie, elle peut avoir recours à la raison qui prend les choses telles qu'elles sont : sans l'illusion d'un paradis sur terre qui endort la raison et détruit la liberté.

DE L'ÉGLISE

Ce texte nous renvoie à la période agitée du concile Vatican II (1962-1965). Il retranscrit la conférence prononcée par Joseph Ratzinger lors de la session du 9-10 février 1963 de l'Académie à Munich. Après la clôture de la première session du concile Vatican II, il s'agissait de faire un premier bilan de ses résultats théologiques à partir d'une sélection d'un certain nombre de thèmes. Aux côtés de Joseph Ratzinger, à l'époque professeur de théologie fondamentale à l'université de Bonn et peritus *(conseiller théologique) durant le concile du cardinal de Cologne et archevêque Joseph Frings, d'autres personnalités éminentes intervinrent comme l'évêque auxiliaire Walter Kampe de Limburg et le professeur P. Karl Rahner sj, d'Innsbruck.*

NATURE ET LIMITES DE L'ÉGLISE

Lors de la consultation sur le schéma ecclésiologique qui s'est déroulée en décembre 1962, il s'est produit quelque chose de tout à fait surprenant au premier abord. La parution, vingt ans plus tôt, en 1943, de l'encyclique *Mystici corporis Christi* avait été saluée unanimement et avec d'autant plus d'enthousiasme qu'elle définissait l'Église comme le Corps du Seigneur. Le nouveau schéma sur l'Église s'élaborait également à partir de cette notion fondamentale qui devint le point de départ essentiel de la critique. On ne peut comprendre une telle évolution que si l'on conçoit l'Église comme un organisme vivant qui évolue et progresse dans l'Histoire et si l'on reconnaît que la conception de l'Église doit évoluer et progresser en son sein même. Il va alors de soi que ce qui fut en 1943 une avancée ne l'était plus nécessairement en 1962. On aperçoit aussitôt clairement la difficulté que présente toute tentative de cerner la nature de l'Église. On ne peut essayer de le faire qu'en s'appuyant sur le contexte historique de cette Église et, dans ce cas, il convient en premier lieu de comprendre le mouvement de pensée dans lequel se situaient l'événement de 1943 et celui de 1962.

I. DE LA NATURE DE l'ÉGLISE

1. Le contexte historique de l'encyclique Mystici corporis

Le mouvement qui donna naissance à l'encyclique de 1943 s'enracine très loin dans l'histoire, bien en amont du seuil franchi par la Réforme qui contraignit l'Église à prendre de nouvelles décisions. Aux environs du XIIIᵉ siècle, on assista à une profonde transformation de la notion du Corps du Christ. L'adjectif « mystique » prit alors un sens renforcé, on parlait du « corps mystique » au sens figuré, désignant ainsi le corps moral de l'Église. Cette idée du « corps moral » explique aussi qu'on employât plus volontiers l'expression Corps mystique de l'Église à la place de Corps mystique du Christ ; on disait donc de l'Église qu'elle était le corps moral des chrétiens. Cette formulation ne recouvrait certainement plus le sens donné antérieurement à l'image du Corps du Christ. Dès lors, elle s'est prêtée naturellement à toutes sortes de variations hasardeuses. Quelqu'un comme Jean de Raguse distinguait dans le corps de l'Église la région de la tête, celle des mains et celle des pieds qu'il faisait correspondre respectivement aux autorités et aux dignitaires ecclésiastiques, aux institutions étatiques ainsi qu'aux artisans et autres professions [1]. Parallèlement, se développait l'idée de la *res publica christiana*, du *populus christianus*, c'est-à-dire de la chrétienté comme une entité dans laquelle les faits politiques, culturels et religieux se confondent indissociablement. On retrouve dans une série de textes liturgiques du XVᵉ siècle cette conception de

---

1. Cf. B.Buda, *Joannis Stojković de Ragusio... doctrina de cognoscibilitate ecclesiae*, Rome 1958, p. 104. Cf. *ibid.*, p. 91, où Jean de Raguse distingue le clergé comme l'âme de l'Église tandis que les laïcs représentent le corps de l'Église.

l'Église ; elle est formulée de manière extrêmement claire dans l'oraison de la messe contre les païens dans laquelle le croyant demande à Dieu de venir au secours des chrétiens « *ut gentes paganorum, quae in sua feritate confidunt, dexterae tuae potentia conterantur* (« ... afin que les nations des païens, qui se confient en leur cruauté, soient écrasés par la puissance de votre droite »). L'Église apparaît ici comme une nation occidentale chrétienne qui se démarque des païens et qui requiert la protection de Dieu [1]. Cette conception fortement juridique et politique de l'Église va s'exacerber dans la polémique de la Réforme. L'Église se verra alors reprocher d'avoir dégénéré en une « *societas externarum rerum ac rituum* » et de s'être détournée de sa vocation pour devenir un royaume séculier du pouvoir ecclésiastique, une sorte d'État pontifical. La Réforme opposa à ce processus de sécularisation l'idée d'une Église de l'ombre et donna à la notion du corps du Christ une nouvelle définition qui apparaît clairement dans cette phrase tirée de l'Apologie de la Confession d'Augsbourg [2] : « Les méchants et les hypocrites impies incarnent l'Église uniquement par des signes extérieurs, des titres et des fonctions, mais si on veut vraiment dire ce qu'est l'Église, il faut dire que cette Église, qui se nomme Corps du Christ, ne se dévoile pas dans des signes extérieurs mais qu'elle renferme ses biens dans le cœur, dans le Saint-Esprit et dans la foi [3]. » Le Corps du

---

1. Cf. au sujet de cette évolution, l'analyse d'E. Gilson dont ce n'est pas le sujet exact, *Les métamorphoses de la laïcité de Dieu*, Louvain-Paris 1952, traduction allemande, Paderborn 1959.

2. Notion que l'on retrouve exprimée à plusieurs reprises dans l'Apologie de la Confession d'Augsbourg, dans : *Die Bekenntnisschriften der evangelisch-lutherischen Kirche*, Göttingen 1954, par exemple dans VII 5 p. 234, VII 10 p.235, VII 14 p.236, et en particulier dans VII 23 p.239 et suivantes. En ce qui concerne la conception luthérienne actuelle de l'Église : cf. par exemple E.Kinder, *Der evangelische Glaube und die Kirche*, Berlin 1958

3. *Loc.cit.* 236.

Christ prend ici un autre sens : il devient la face invisible de l'Église. La direction prise fut très claire pour les théologiens catholiques, mais, bien qu'elle ne leur parût pas fausse, elle leur semblait dangereuse. Les pères de Vatican I, de leur côté, la trouvaient beaucoup trop marquée par le protestantisme ; la protestation contre l'Église visible fortement hiérarchisée dans laquelle elle avait joué jadis un rôle, transparaissait beaucoup trop dans cette notion. C'est ce qui explique que l'expression Corps du Christ ait disparu de la terminologie de l'Église catholique. Les définitions posttridentines de l'Église ne mentionnent jamais plus cette référence dont le point de départ se trouve dans l'idée du peuple de Dieu, opposée d'emblée à une conception d'ordre institutionnel. Le *Catechismus romanus* définit l'Église comme le peuple des croyants dispersés dans le monde entier [1]. On connaît la définition de Bellarmin qui a traversé les siècles : « L'Église est la société des fidèles qui se rassemblent autour de la profession d'une même foi et autour de la pratique des mêmes sacrements et se place sous la direction d'un berger, légitime représentant du Christ sur terre, l'évêque de Rome [2]. »

Quelque trois cents ans plus tard, la théologie romantique catholique réhabilitait au profit de la pensée catholique l'idée du corps mystique du Christ. Les

---

1. Pars Ic1,02 (au sujet du neuvième article de foi) : Communi vero deinde sacrarum scripturarum consuetudine haec vox ad rem publicam christianam... usurpata est ; qui scilicet ad lucem veritatis et Dei notitiam per fidem vocati sunt, ut reiectis ignorantiae et errotum tenebris, Deum verum et vivum pie et sancte colant illique ex toto corde inserviant atque... ut ait sanctus Augustinus, est populus fidelis per universum orbel dispersus.

2. *Disputationes de controversiis christianae fidei adversus huius temporis haereticos, 1585-1593.* La définition dans la quatrième controverse (*Über die Concilien und die Kirche*, Livre 3, alinea 2 ; extrait de l'édition allemande de V.PH. Gumposch, Augsburg 1844, p. 288).

controverses confessionnelles avaient perdu de leur viva-
cité et, dans une nouvelle atmosphère de paix, la pensée
catholique avait retrouvé la force de s'ouvrir aux courants d'idées de l'époque et de les intégrer. D'un côté,
la découverte du rôle de l'Histoire et de l'État faite par
Hegel et, de l'autre, la pensée organique propre à tout
le courant romantique ouvraient de nouvelles voies à la
doctrine de l'Église. On ne tarda pas à les emprunter :
Möhler fit paraître en 1825 un ouvrage qui est encore
aujourd'hui un classique, *L'Unité de l'Église*, dans lequel
il élabore une idée de l'Église fondée sur l'action du
Saint Esprit. En 1860, paraît la *Physiologie de l'Église* de
Pilgram qui, déjà par son titre, indique que son auteur
conçoit l'Église comme un organisme. C'est ainsi que se
dégagent et s'affrontent deux tendances dans l'ecclésiologie : la première héritée du catéchisme romain de Bellarmin qui pense l'Église à partir de la notion de peuple et
la comprend d'abord d'un point de vue institutionnaliste
et hiérarchologique [1], et la seconde qui développe l'idée
d'une conception mystique et organique que l'on peut
interpréter comme un retour vers les Pères de l'Église.
Le schéma ecclésiologique qui fut présenté aux pères du
concile Vatican I, mettait en valeur l'idée du Corps du
Christ. Il se heurta à de grandes difficultés [2]. La doctrine
de la primauté fut adoptée, comme chacun le sait, à la
fin du concile, ce qui eut pour conséquence involontaire

---

1. On ne doit pas cependant oublier qu'il existe une grande
différence entre le point de vue du Catéchisme romain et celui
de Bellarmin : le Catéchisme romain s'appuie non sans raison sur
Augustin et développe sa pensée en s'inspirant de l'héritage d'Augustin, tandis que la théologie de Bellarmin trouve sa source dans
la controverse développée contre la Réforme.

2. Le texte est paru chez Neuner-Roos, *Der Glaube der Kirche
in den Urkunden der Lehrverkündigung*, Ratisbonne 1948, p. 217-
224 ; concernant le débat sur le schéma : cf ; par exemple H. Ron-
det, *Vatican I*, Paris 1962.

un retour en arrière dans le mouvement de la pensée ecclésiologique. La tâche immédiate était alors d'expliquer et de défendre cette doctrine très controversée, si bien que le problème soulevé par la primauté finit par absorber toute l'attention des ecclésiologues.

Lors de la nouvelle fracture théologique qui suivit la Première Guerre mondiale, l'impulsion prometteuse donnée par la théologie romantique joua définitivement à plein. Dans l'éclatement de toutes les certitudes du passé, on redécouvrit notre Mère l'Église : « Le siècle de l'Église semble être venu [1]. » On revisita Möhler et Pilgram. On s'enthousiasma pour les écrits des Pères et en particulier pour Augustin, et l'on trouva une nouvelle dénomination pour l'Église qui recouvrait les nouveaux acquis et savoirs : le Corps mystique du Seigneur [2]. Après des siècles de durcissement des antagonismes, la rupture s'était produite spontanément ; elle fut perçue à juste titre comme un grand événement. La nouvelle vision de l'Église fut confirmée par le magistère ecclésiastique dans l'encyclique *Mystici corporis* ; il fallait aussi y voir une victoire sur l'étroite conception hiérarchologique de l'Église et une approbation officielle de tous les nouveaux acquis de la théologie depuis Möhler.

Il est vrai que lorsque l'encyclique parut, l'évolution s'était déjà légèrement poursuivie et qu'elle fut provisoirement ralentie par la guerre. Mais ce qui allait arriver s'esquissait déjà. Ce qui s'était produit dans l'entre-deux-guerres n'était que l'amorce d'un mouvement irréver-

---

1. Il s'agit du titre d'un livre de O. Dibelius, Berlin 1928.

2. Très bon aperçu du travail ecclésiologique de cette année chez C. Feckes, *Aus den Ringen um das Kirchenbild* dans : Theologie der Zeit, Vienne 1936, 2. Suite 154-162. Cf. Stephan Jaki, *Les tendances nouvelles de l'ecclésiologie*, Rome 1957 ; très intéressant Y. Congar, *Dogme christologique et ecclésiologie*, dans : Chalkedon III, édité chez H. Bacht-A. Grillmeier, Würzburg 1954, pp. 239-268. Bibliographie complète chez H. Schmaus, Kath. Dogmatik III 1, 1958, pp. 842-888.

sible. On avait fait entrer dans l'image du corps mystique toutes les merveilles du surnaturel et on l'avait transformée en une notion hautement dénuée de réalité qui, comparée à la réalité humaine de l'Église, apparaissait comme une invention chimérique que la théologie romantique avait momentanément occultée mais qui ne pouvait pas tromper éternellement. En fait on avait bien pris conscience du problème et on l'avait réglé en compartimentant l'ecclésiologie. Il n'était pas question de supprimer l'ecclésiologie jusqu'à présent institutionnalisée mais de la conserver dans son état comme doctrine apologétique. On voulait lui adjoindre maintenant une deuxième doctrine dogmatique de l'Église qui devrait traiter de la splendeur mystique de l'Église intérieure. Mais qui pouvait oublier plus longtemps que la splendeur mystique reste un discours vide et insignifiant lorsqu'on se trouve confronté à la réalité tout à fait différente de l'Église concrète ? Il était impossible d'ignorer à la longue que l'intérieur ne transparaît réellement à l'extérieur et que celui-ci n'est acceptable que lorsque l'extérieur est l'auto-exposition de l'intérieur. De ce fait, la juxtaposition de deux sortes d'ecclésiologie ne pouvait résoudre le véritable problème qui réside dans l'interpénétration de la splendeur et de la misère.

À peu près à la même époque parurent les travaux critiques de Oswald Holzer[1], Ludwig Deimel[2], Johannes Beumer[3], Erich Przywara[4] et en particulier

---

1. *Chritus in uns*, Ein kritisches Wort zur neueren Corpus-Christi-Mysticum-Literatur, dans : Wissenschaft und Weisheit 8, 1921, p. 24 et suivantes. ; pp. 64-70 ; pp. 93-105 ; pp. 130-136.

2. *Leib Christi*, Freiburg 1940.

3. *Apologetik oder Dogmatik der Kirche*, dans : Theologie und Glaube 31, 1939, pp. 379-391.

4. *Corpus Christi Mysticum*. Un bilan, dans la revue : Zeitschrift für Aszese und Mystik 15, 1940, pp. 197-215.

ceux de Mannes Dominikus Koster[1] [1940]. Ils étaient tous, chacun à leur manière, conscients qu'on ne peut définir l'Église en s'appuyant sur la notion de mystique parce qu'il est impossible alors d'appréhender sa réalité tangible. De même, ils insistèrent sur le fait que la pensée de la Bible ne s'adresse pas à l'individu en particulier, lequel serait en union « mystique » et secrète par la grâce du Seigneur mais qu'à partir de l'alliance avec Dieu elle concerne d'abord l'ensemble des hommes, et au sein de l'ensemble l'individu. Les travaux de Henri de Lubac datant de la même époque, travaux remarquablement documentés d'un point de vue historique, approfondissent et développent cette question en s'appuyant sur la tradition des Pères de l'Église[2].

Dans ces ouvrages critiques que je viens tout juste de citer, le concept de Peuple de Dieu apparaissait comme celui qui est le plus proche de la réalité et le plus synthétique ; la « mystique » inhérente au concept du Corps éveillait à nouveau les soupçons, dans la mesure où elle était incapable de rendre compte des véritables réalités et, ce précisément chez des théologiens que l'on ne pouvait présenter simplement comme des héritiers de Bellarmin et d'une théologie contre-réformiste simpliste. Ces théologiens craignaient d'assister, à partir de l'idée du « Corps du Christ », à une fausse glorification de l'Église de la Croix ; ils redoutaient qu'on ne dissimule la misère terrestre de l'Église en marche sous le vernis doré d'une

---

1. *Ekklesiologie im Werden.*

2. En particulier dans *Catholiscisme*, Paris 1938 ; traduction allemande : Einsiedeln 1943 ; *Corpus mysticum,* Paris 1949. Voir aussi au sujet de la notion de l'Église eucharistique : J. Hamer, *L'Église est une communion*, Paris 1962 ainsi que les pages concernant le même sujet chez P. Evdokimov ; *L'orthodoxie*, Neuchâtel-Paris 1960, qui font apparaître la signification œcuménique de ces réflexions.

fausse auréole ; ils redoutaient aussi que le dessein de la Bible qui, au sein de l'Alliance, s'adresse à l'individu, ne sombre dans une pensée organique moderne et dans une mystique individualiste. « Le Peuple de Dieu » et le « Corps du Christ », les deux représentations sous-tendant toute définition de l'Église, continuaient de s'opposer. Cette situation qui s'esquissait en 1943 s'est depuis confirmée. Elle conditionne aujourd'hui les débats du concile.

2. L'état actuel de la discussion

Comment résoudre ce dilemme ? La bonne voie, me semble-t-il, se dessine dans les ouvrages de Henri de Lubac qui puisent leurs richesses aux sources même de la foi. La réponse ne peut en effet venir de théories spéculatives sur la nature de l'Église, échafaudées et défendues avec ardeur. Elle ne peut pas non plus venir d'une interprétation sans fin des textes de la doctrine de l'Église. La doctrine n'est pas censée remplacer le travail stimulant de la recherche théologique ; elle a pour vocation de dégager et de formuler le sens authentique des travaux déjà effectués. La solution ne peut donc venir que d'une réflexion sérieuse et approfondie sur l'Écriture et sur l'ensemble de la tradition reconsidérée à la lumière de l'Écriture. Cela ne peut être entrepris dans le temps imparti à cette conférence ; nous ne pouvons qu'essayer de dégager de manière extrêmement synthétique les quelques lignes directrices qui s'esquissent dans les recherches déjà effectuées.

Le chemin le plus simple et le moins suspect pour cerner la conception néotestamentaire de l'Église serait de partir simplement du nom que la première communauté de croyants s'était donné, lequel est parvenu à s'imposer en dépit des autres dénominations parce qu'il correspondait parfaitement à la réalité historique de l'Église en devenir : ἐκκλησία. Ce mot évoque le souvenir de deux moments de l'histoire. Il rappelle l'assemblée du peuple en Grèce, où la cité s'incarne dans l'État. Il rappelle d'autre part l'assemblée du peuple d'Israël dans laquelle un peuple accomplit son destin de peuple en soi. Cette dernière se distingue de l'assemblée du peuple en Grèce qui, elle, réunit non seulement des hommes mais aussi des femmes et des enfants. Et ce, parce qu'à la différence des Grecs, il ne s'agissait pas de décider ce qui devait être fait, mais d'écouter et d'accepter ce que Dieu avait décidé. C'est ainsi que l'assemblée du peuple qui écoute sur le Sinaï apparaît comme l'archétype de l'assemblée du peuple d'Israël. L'accomplissement d'Israël s'opère dans l'écoute en commun de la parole de Dieu qui confère à ce peuple son identité. En se nommant *ekklesia*, la communauté de ceux qui croient dans le Christ, s'approprie les caractéristiques impliquées par le mot *ekklesia*. Elle se donne à comprendre comme l'assemblée de l'Israël de la fin des temps dans laquelle Dieu appelle à se rassembler son peuple disséminé aux quatre coins du monde[1].

Chez les premiers chrétiens, le mot *ekklesia* recouvre concrètement dans l'usage courant une signification triple : il désigne l'assemblée du culte[2], la communauté locale[3] et l'Église en général[4]. Ces trois

---

1. Cf. à ce sujet tout particulièrement O. Linton, *Ekklesia*, dans RAC IV 905-921, et surtout les pages 905-909.

2. Exemple : 1 Cor 11,18 ; 14,19. 28. 34. 35

3. Exemple : 1 Cor 1 ,2 ; 16, 1 en particulier.

4. Exemple : 1 Cor 15, 9 ; Ga 1,13 ; Ph 3, 6 en particulier. Et l'analyse toujours intéressante de A. Wikenhauser, *Die Kirche als der mystische Leib Christi nach dem Apostel Paulus*, Münster 1940, 4-21, et avant tout aussi la synthèse de R. Schnackenburg, *Die Kirche im Neuen Testament*, Freiburg 1961. La suite reprend ce que j'ai déjà exposé dans LThK VI 172-183 [Art. Kirche].

significations fondamentales se fondent de telle sorte que la communauté locale de l'époque apparaît comme la représentation d'une seule réalité globale de l'Église, d'une seule et indivisible idée eschatologique de Dieu, de telle sorte que cette assemblée de culte soit conçue comme la réalisation concrète de l'être-Église de chacune des églises. Les trois degrés de significations s'articulent donc de la manière suivante : il y a la grande et unique *ekklesia*, l'Église du peuple de Dieu que Dieu rassemble dans le monde. Cette Église unique de Dieu se concrétise dans différentes communautés locales réparties sur terre et se réalisent dans l'assemblée du culte. Soyons encore plus clairs : de même que le peuple d'Israël, en dépit de sa dispersion sur la terre, s'est rassemblé pour ne faire qu'un et est demeuré un par le Temple et qu'il renouvelle chaque année à la fête de Pessah (Pâque) son unité dans le Temple, les communautés de croyants en le Christ disséminés géographiquement se réunissent autour du Nouveau Temple, à savoir le Corps du Seigneur. Elles sont une en tant qu'*ekklesia*, c'est-à-dire en tant qu'assemblée du culte de Dieu, au cours de laquelle elles mangent le même pain qui les unit en un seul corps, au cours de laquelle elles témoignent de la Parole qui les unit en un seul Esprit. Elles n'ont plus besoin de ce temple implanté dans un lieu géographique précis, ni de l'unité que donne le lignage ou le sang parce qu'elles possèdent une unité plus profonde : l'unité d'un seul pain par lequel le Seigneur les unit entre elles et à lui ; l'unité d'une seule Parole dans laquelle l'Esprit du Seigneur se révèle à elles. Si nous sommes autorisés à dire que le mot *ekklesia* reprend l'idée d'Israël, d'un peuple appelé par Dieu, et donc signifie d'abord le « peuple de Dieu », il faut aussi ajouter que ce peuple se caractérise encore plus précisément par le fait qu'il vit du Corps du

Christ et de la Parole du Christ, et qu'il devient donc lui-même de ce fait « Corps du Christ ».

À partir de là, on pourrait définir de façon très rapide l'Église comme le *Peuple de Dieu issu du Corps du Christ*. L'Église a en commun avec le peuple de l'Ancienne Alliance d'être le peuple de Dieu, mais le fait qu'elle soit par ailleurs peuple de Dieu dans le Corps du Christ lui confère sa *differentia specifica* en tant que Peuple Nouveau et détermine sa manière d'exister et d'accomplir son unité. Cette affirmation renvoie aux fondements que Jésus a lui-même posés : Il a appelé douze disciples, à l'image des douze tribus d'Israël, du *Peuple* de Dieu : Il a institué définitivement l'Église en conviant ses douze disciples à la Cène. Et c'est en distinguant son Église par cette caractéristique nouvelle qu'Il l'a distinguée de l'ancien Israël. La désignation paulinienne de l'Église comme Corps du Christ n'est en fin de compte nouvelle que dans sa formulation, car elle n'est en réalité que l'interprétation de ce que le Seigneur a lui-même établi comme état de fait : interprétation de cette nouvelle identité spécifique que reçoit le Peuple Nouveau quand il prend part au repas du Seigneur.

L'Église est Corps du Christ parce qu'elle reçoit le Corps du Seigneur et que le Corps du Seigneur lui donne vie. De cette affirmation à laquelle nous ont conduits les réflexions précédentes, il ressort aussi que le « Corps du Christ » n'est pas, comme on l'avait compris depuis l'époque de la théologie romantique et en fait même depuis la Réforme, un concept relevant de l'ordre mystique qui désignerait l'intériorité mystérieuse et invisible de l'Église, mais il désigne au contraire son *concretissimum* qui renferme en lui de manière indissociable le cœur même de sa vie : la célébration de la Cène. L'expression « corpus Christi » définit l'Église comme la communauté de ceux qui prennent part au repas du Seigneur ; c'est une expression qui traduit parfaitement le caractère visible de l'Église, inséparable de son fondement caché. C'est ainsi que nous sommes conduits tout naturellement à conclure au caractère indissoluble de l'extériorité et de l'intériorité, à l'être de l'Église dans ce monde en tant que *sacramentum Dei*. L'idée de l'ordre, de la fonction au service du Corps et de la Parole du Seigneur est présente dans cette notion, le sens de la fonction sacerdotale, en partant de la primauté jusqu'aux fonctions les plus modestes, ne peut se comprendre qu'à partir de cette affirmation. Et enfin : quand l'Église apparaît comme totalement visible, la façon particulière dont elle procède devient aussi manifeste : elle figure alors un porche qui donne accès à quelque chose qui la dépasse.

Les Pères n'ont pas craint, en s'appuyant sur de telles vues, de désigner l'Église comme le véritable corps du Seigneur [*corpus verum*], tandis que l'Eucharistie fut, du moins de temps à autre, qualifiée de *corpus mysticum* [*sticum = sacramentale*] [1]. Jusqu'au XIIe siècle, l'interpénétration indissoluble entre le corps eucharistique et le corps ecclésial de même que la conviction que l'Église ne peut s'édifier qu'à partir de l'Eucharistie et qu'elle ne peut être comprise et définie sans l'Eucharistie, restent déterminantes pour l'usage langagier. Ce n'est qu'à partir du XIIe siècle que l'emploi du mot *mysticum* évolue ; il s'applique désormais non seulement à l'Eucharistie mais

---

1. Pour les détails, voir Lubac, *Corpus mysticum*, en particulier pp. 89-122. Aperçu rapide sur les différentes étapes de l'évolution dans mon article : *Leib Christi,* II LThK VI, p. 910 et suivantes. Citons un des textes les plus révélateurs sur l'imbrication de la notion de corps eucharistique et ecclésiologique : *Corpus Christi manducare nihil aliud est quam corpus Christi effici,* Guillaume de Saint-Thierry, *Liber de natura et dignitate amoris 13, 38* PL 184, 403.

aussi à l'Église. On voit déjà se profiler à l'arrière-plan le changement de sens de ce petit mot qui n'est plus l'expression de l'ordre sacramentel, mais la représentation d'une entité abstraite ; nous voilà revenus à notre point de départ : la notion de corps glisse vers la sphère juridique[1]. N'oublions pas à cet endroit de mentionner qu'on ne trouve jamais l'expression *Corpus Christi mysticum* que ce soit chez Paul ou chez les Pères qui désignent l'Église simplement [sans qualificatif] par « Corps du Christ ».

Si l'on jette un coup d'œil en arrière, on peut dire que l'histoire s'est considérablement éloignée de l'idée originelle du Corps du Christ et l'a radicalement déformée à deux reprises. La problématique véritable de la doctrine du Corps du Christ tient à la superposition d'interprétations au cours de l'histoire. On peut distinguer trois étapes de son évolution :

1)Le concept *biblique et patristique* où l'Église est considérée comme le Peuple de Dieu, rassemblé au cours de la célébration de l'Eucharistie dans le Corps du Christ. On peut parler d'une *conception sacramentelle et ecclésiologique*, avec identité : *ecclesia = communio = corpus Christi*.

2)À côté, on trouve le concept *médiéval*. On parle alors de corpus *ecclesiae mysticum* ; l'Église apparaît comme le Corps moral du Christ [mais pas comme le « Corps » du Christ !]. On pourrait parler d'une *conception juridico-corporelle du Corps du Christ*.

3)L'époque contemporaine a développé le concept issu de la théologie *romantique* : *corpus Christi mysticum* = l'organisme mystique et mystérieux du Christ ; le mot

---

1. Les conditions de son apparition ne sont mises en place qu'au XIIe siècle, elle n'entre dans les faits qu'au XIIIe et au XIVe siècle.

« mystique » dérive de la mystique. Nous avons affaire là à une *conception mystico-organologique*.

Le premier concept ne s'oppose pas à celui de Peuple de Dieu. L'idée de « Peuple de Dieu » est reprise dans l'idée du « Corps du Christ », comme l'Ancien Testament est repris dans le Nouveau. Dans ce cas aussi, le dilemme de « l'Église entre institution et mystique » est résolu. En revanche, il résulte du deuxième, du troisième et de chaque autre cas de figure, une imbrication insoluble des différents aspects de la réalité de l'Église. Revisiter le premier concept, signifie accomplir une véritable « *reformatio* » : vaincre le poids de l'histoire et épurer le présent en remontant jusqu'aux origines – voilà la grande opportunité qui s'offre au concile et le devoir qui lui incombe.

II. LES MEMBRES DE L'ÉGLISE

1. Le Corps du Christ et l'Église catholique romaine

Après ces considérations, il faut essayer d'élucider un autre problème qui nous permettra de faire la transition entre la question de nature de l'Église et celle de ses limites. Dans l'encyclique *Mystici corporis*, l'identification déjà amorcée du *corpus Christi mysticum* avec l'Église catholique romaine n'avait pas manqué de déclencher de vives réactions. La question se retrouva évidemment dans le schéma du concile sur l'Église. À la parution de l'encyclique, l'identification stricte des deux concepts avait dérangé les exégètes[1]. Lors des débats du

---

1. Cf. en particulier A. Mitterer, *Geheimnisvoller Leib Christi nach Sankt Thomas von Aquin und nach Papst Pius XII*, Vienne

concile, elle souleva les protestations des évêques partisans de l'œcuménisme.

Que dire de tout cela ? En clarifiant les dimensions historiques dans lesquelles s'inscrit le concept du Corps du Christ, on devrait pouvoir répondre à la question. Si l'on interprète le concept de manière patristique dans le sens de l'identité Église = *communio*, ce qui traduit donc la communauté sacramentelle de tous ceux qui communient au Corps du Christ, alors l'identification avec la *communio eucharistica* concrète est justifiée sur le principe. On peut certes l'affirmer sans réserve parce que tous les baptisés ont en principe les qualités requises pour la *communio*, ce qui les distingue clairement de la situation de tous les non-baptisés. Il faudra revenir encore une fois sur ce sujet. Si l'on prend ce terme dans son acception courante médiévale, dans son sens institutionnel et hiérarchique, l'identification s'impose. En revanche, si on le comprend dans le sens moderne de *corpus mysticum*, l'identification est absurde et fausse parce qu'une telle réduction ne peut évidemment pas être légitime dans l'ordre caché de la grâce qui est ici supposé.

La problématique de l'identification qui s'exprime dans l'encyclique comme dans le schéma conciliaire, repose sur la définition vague et imprécise du concept *corpus Christi* et sur le fait qu'il emprunte des éléments aux trois concepts évoqués précédemment. Il faut ajouter que la formulation toujours en vigueur « *corpus Christi mysticum* » ne correspond ni à l'usage paulinien, ni à l'usage médiéval, ni à celui des Pères. Elle renvoie en premier lieu au champ conceptuel de l'ecclésiologie romantique du XIXe et du XXe siècle et rend à vrai dire

---

1950 ; J. Beumer, *Die Identität des Mystischen Leibes Christi und der katholischen*, dans : ThG1 44,1954, pp. 321-338.

l'identification avec l'Église romaine difficilement acceptable. On ne peut enfermer le mystère caché de l'action spirituelle du Christ dans le cadre étroit de l'Église visible[1]. C'est ici que prend naissance la critique fondée qui s'élève aujourd'hui.

2. L'appartenance à l'Église

Nous voilà maintenant confrontés à une autre question, à celle de l'appartenance à l'Église[2]. « Qui appartient à la *communio* de l'Église ? » Dans ce domaine, deux traditions s'opposent depuis longtemps au sein de la théologie catholique. Avec d'un côté avant tout, l'orientation prise par la tradition canonistique qui se cristallise dans le can. 87 CIC, stipulant que l'homme devient par le baptême une « personne dans l'Église ». De l'autre, on trouve la position de la tradition dogmatico-apologétique qui fut formulée expressément dans l'encyclique de 1943 et qui était déjà rentrée dans le nouveau schéma de l'Église. En conséquence, n'est membre de l'Église que celui qui est en union avec la profession de foi, celui qui a reçu les sacrements et se place sous l'autorité de la hiérarchie [y compris sous celle du pape] dans l'Église, celui qui n'est pas excommunié. Dans ce cas de figure, contrairement à la tradition canonique qui définit comme membre de l'Église chaque

---

1. Cf. en particulier Y. Congar, « Ecclesia à partir d'Abel », dans *Situation et tâches présentes de la théologie*, Paris Cerf, coll. Cogitatio fidei, 1975, ainsi que *Festschrift für Karl Adam,* Düsseldorf 1952, pp. 79-108, et l'étude concernant ce sujet chez F. Malmberg, *Ein Leib. Ein Geist*, Freiburg 1960, pp. 89-102.

2. Cf. sur cette question K. Mörsdorf. K. Rahner, *Kirchengliedschaft*, LThK VI pp. 221-225 ainsi que la bibliographie ; voir aussi mes remarques *ibid.* p. 179 et suivantes ainsi que RGG V 664.

baptisé, on peut se demander ce qu'il en est de l'appartenance à la chrétienté des chrétiens non catholiques. Ce problème est résolu avec la distinction « *reapse voto* », qui stipule que les catholiques sont « vraiment » membres de l'Église tandis que les autres pourraient l'être « par désir » [*voto*]. On peut formuler trois objections à l'égard d'une solution de ce genre : 1) Elle implique une psychologie fictive qui suppose aux frères séparés le désir qu'ils nient expressément dans leur conscience. 2) Elle met en réalité sur le même plan les chrétiens non catholiques et les païens puisque l'on peut aussi attribuer à ces derniers le désir d'appartenir à l'Église. 3) Le point de vue adopté pour tenter de trouver une solution demeure totalement subjectif ; le salut des non-catholiques est soumis presque exclusivement à un facteur subjectif, un souhait qui n'est de surcroît même pas vérifiable en conscience.

Derrière cette dualité des traditions, se cachent en profondeur deux manières d'aborder les sacrements : la canonistique part du principe que le baptême est le sacrement par lequel on devient chrétien ; or tout ce qui est chrétien passe par l'Église. On ne peut être chrétien individuellement, être chrétien signifie toujours appartenir à la totalité du Christ et donc à l'Église. Étant donné qu'il n'y a qu'une seule Église, tout chrétien doit nécessairement d'une façon ou d'une autre être membre de cette unique Église.

En revanche, la seconde tradition renoue manifestement avec l'identification Église = *communio* ; cela signifie que la communion au Corps du Christ est l'élément essentiel constitutif de l'identité chrétienne. Mais si l'Église est une communauté de communion, alors n'appartient à l'Église que celui qui communie. De cela découle naturellement la restriction des signes distinctifs d'appartenance précédemment cités. Néanmoins, il demeure aussi que les « excommuniés » ont un rapport avec l'Église différent de celui des non-baptisés. Par le baptême, ils sont devenus des membres à part entière de la communauté de communion même s'ils se situent de fait en dehors de l'unité de la *communio*. Ignorer cela est une erreur qu'il faut souligner au sujet des thèses de la seconde tradition. L'Église ne peut ni ne doit accepter d'abandonner à eux-mêmes ceux qui se sont séparés de sa communion ou même accepter d'ignorer qu'ils sont chrétiens. La foule de ceux qui ne communient plus occupe aujourd'hui plus de place à l'intérieur de l'Église que celle occupée par les communiants, c'est ce qui fait son malheur, c'est une profonde blessure dans le Corps du Seigneur, une blessure que l'Église doit subir comme étant la sienne. Dans les deux cas, il y a bien plusieurs formes d'appartenance à l'Église, mais tout baptisé a part à l'Église. Savoir à quels types de concepts on aura recours pour transcrire cette idée est une question de second ordre. Lorsque les partisans de la tradition que nous avons appelée dogmatique prétendent avant toute chose que l'idée de l'appartenance d'un membre « imparfait » est une contradiction en soi, que c'est une image fausse, on ne peut que leur donner complètement raison [1]. Mais il n'est pas non plus nécessaire de multiplier les différents modes d'appartenance à l'Église en s'appuyant sur l'image du « membre ». Ce qui importe est de dire la chose dont il s'agit, de telle sorte que l'appartenance à la chrétienté des frères séparés soit reconnue et qu'on ne passe plus sous silence la blessure de l'Église dont la cause se situe dans la séparation.

Si l'on considère les choses ainsi, l'imbrication beaucoup trop étroite de la question de l'appartenance à

---

1. Cf. H. Schauf, « Zur Frage der Kirchengliedschaft », où l'on trouve une synthèse de cette position, dans : *Theologische Revue* 58, 1962, pp. 217-224

l'Église avec la question du salut n'est plus un problème. Grever la question de l'appartenance à l'Église par celle du chemin du salut des différents groupes concernés ne peut que nuire à l'objectivité du questionnement. On doit d'abord répondre à la question du salut en soi en s'appuyant sur les critères objectifs qui découlent du concept d'Église. Et ce n'est qu'ensuite, dans un deuxième temps, qu'on se demandera dans quelle mesure certaines catégories précises de personnes ont part au salut de Jésus-Christ, qui se situe dans l'Église. L'étendue de cette deuxième question est très vaste, il ne faut pas seulement y associer les chrétiens, mais aussi l'humanité entière.

3. L'Église et le salut du monde

Il n'appartient pas au concile d'émettre une théorie achevée sur le salut de tous les hommes. La nouvelle vision de l'homme et du monde, issue des découvertes des derniers siècles, a soulevé de nouvelles questions et a fait apparaître à nos yeux de nouveaux éléments qui ont modifié radicalement les paramètres de la discussion[1]. Il faudra encore ici se battre sérieusement et énergiquement pour concilier ce qui est apparemment inconciliable. Le concile ne pourra en définitive qu'entériner l'état de fait sans essayer de faire une synthèse, c'est-à-dire qu'il devra exposer la dualité de la situation : d'un côté tout salut est structuré dans l'Église et passe par l'Église et, de l'autre, tous les hommes, quels que soient le temps ou le lieu dans lesquels ils vivent, ont accès à ce salut.

---

1. Cf. pour toute la question la remarquable analyse de Y. Congar, *Außer der Kirche kein Heil*, Essen 1961.

Si, par ce que nous avons dit précédemment, nous avons mis en évidence le rapport étroit entre la question de l'appartenance à l'Église et celle du salut, bien qu'elles ne soient pas toutefois de même nature, il est alors possible d'envisager le problème de la mission sous un angle nouveau : la mission est sans aucun doute tournée vers le salut de l'homme, mais ce n'en est néanmoins pas la seule raison, peut-être même pas sa première et sa véritable raison [1]. Nous ne partageons plus l'idée de saint François Xavier selon laquelle les hommes sans la mission iraient tous sans exception en enfer. À côté et peut-être même en dehors de toute référence immédiate au salut, la mission s'appuie sur le fait que l'Église génère sa propre dynamique interne de telle sorte qu'elle est ouverte à tous dans la mesure où elle exprime de manière symbolique l'hospitalité de Dieu qui a convié dans sa maison tous les hommes à prendre place au banquet de mariage de son Fils. Cette prodigalité divine, qui caractérise l'action de Dieu dans la création et dans l'histoire du salut, s'exprime aussi dans la mission dans la mesure où l'Église s'ouvre elle-même et répand autour d'elle, conformément à l'exemple qui lui a été donné, ce débordement d'amour divin. Et la mission doit continuer d'accomplir son œuvre de telle sorte que l'histoire parvienne à son but, de telle sorte que le corps déchiré de l'humanité retrouve son unité. Le péché est par essence l'isolement dans l'égoïsme de chaque individu. Le péché est le mystère de la séparation et du déchirement qui divise l'humanité et l'enferme dans l'égoïsme de tous

---

1. Voir au sujet de la problématique actuelle de la théologie de la mission, en particulier M. J. Le Guillou, *Mission et unité. Les exigences de la communion*, Paris 1960 ; Y. de Montcheuil, *Kirche und Wagnis des Glaubens*, Freiburg 1957, en particulier pp. 186-202 ; Th. Ohm, *Machet zu Jüngern alle Völker*, dans : Der katholische Gedanke 19, 1963, pp. 1-9.

ceux qui ne connaissent et ne comprennent qu'eux-mêmes. Son symbole mystérieux se retrouve dans la figure de Babylone, le lieu de la confusion des langues où l'égoïsme a coupé les ponts de la compréhension. L'essence de la venue du Christ est au contraire l'union, le rassemblement de tous les membres dispersés de l'humanité en un seul corps. Son symbole est la Pentecôte, le miracle de la compréhension qui engendre l'amour et réunit ce qui fut séparé. L'Église accomplit ainsi dans la mission l'être véritable de l'histoire du salut, le mystère de la ré-union. La mission existe pour parfaire le miracle de la Pentecôte, pour soigner la déchirure qui divise en deux le corps de l'humanité et pour extraire l'humanité de Babylone en la menant vers la réalité de la Pentecôte. Ce n'est que dans la mission qu'on perçoit totalement ce qu'est l'Église : Service du mystère de la ré-union que le Christ voulait accomplir dans son corps crucifié[1].

---

1. Ces réflexions sont développées de manière approfondie du point de vue de la théologie patristique chez J. Ratzinger, *Die Vision der Väter von der Einheit der Völker*, dans : Der katholische Gedanke 19, 1963, pp. 1-9.

Le 4 juin 1970, presque mille auditeurs, invités par l'Académie catholique de Bavière, assistèrent, à la conférence que prononça à Munich le professeur Joseph Ratzinger, titulaire à l'époque de la chaire de dogmatique de l'université de Ratisbonne. L'intervention, intitulée « Pourquoi je suis encore aujourd'hui dans l'Église », avait manifestement abordé les points essentiels des questions qui préoccupent beaucoup d'hommes aujourd'hui. Le second plaidoyer de cette session intitulée « Être chrétien dans l'Église », prononcé, le 11 juin 1977, par le théologien Hans Urs von Balthasar sous le titre « Pourquoi je suis encore chrétien aujourd'hui », reçut un écho tout aussi large.

POURQUOI SUIS-JE ENCORE
DANS L'ÉGLISE [1] ?

Il y a aujourd'hui une multitude de raisons qui incitent à sortir de l'Église, y compris d'incohérentes. De nos jours, beaucoup de gens se sentent poussés à lui tourner le dos. Ceux à qui elle semble trop rétrograde, trop moyenâgeuse, trop hostile à la vie et au monde ont été rejoints par ceux qui aimaient sa forme historique, sa messe, son caractère démodé, le reflet en elle de l'éternel. Ces derniers ont l'impression que l'Église a trahi ce qu'elle avait d'essentiel, qu'elle est en train de se vendre à la mode et donc de perdre son âme : ils sont déçus comme l'amant trahi qui envisage sérieusement de se détacher de son grand amour.

À l'inverse, il y a aussi des raisons tout à fait incohérentes de rester dans l'Église. Il y a bien sûr ceux qui rattachent inébranlablement la foi à sa mission ou ceux

---

1. Compte tenu de la particularité du sujet qu'on m'avait demandé de traiter, il allait de soi que je ne pouvais faire une analyse exhaustive des raisons qui motivent ma présence à l'intérieur de l'Église. Je devais me contenter de rassembler quelques éléments disparates à l'origine d'une décision dont j'assume seul en dernier ressort la responsabilité, mais qui peut néanmoins à sa manière tenir lieu de justification objective.

qui n'envisagent pas de se défaire de leur chère vieille habitude (quand bien même ils en feraient peu d'usage). Y demeurent aussi précisément ceux qui rejettent avec la plus grande fermeté son inscription dans l'histoire et qui combattent avec ardeur le contenu que ses représentants tentent de lui donner ou de maintenir. Bien qu'ils veuillent éliminer ce que l'Église était et est, ils sont décidés à ne pas s'en laisser exclure et à la transformer en fonction de l'idée qu'ils s'en font.

I. AVANT-PROPOS SUR LA SITUATION DE l'ÉGLISE

C'est ainsi que l'Église se retrouve dans une situation vraiment babylonienne, où les raisons de rester à l'intérieur et celles d'en sortir sont si étrangement embrouillées qu'il apparaît quasiment impossible de s'y retrouver. La méfiance grandit en premier lieu parce que l'« être dans l'Église » a perdu de son évidence, parce que personne n'ose plus avoir confiance dans l'honnêteté de son prochain. Les mots chargés d'espoir que Romano Guardini avait prononcés en 1921 semblent avoir été détournés : « Un processus de très grande envergure vient de se mettre en place : l'Église s'éveille dans les âmes. » De nos jours, cette phrase semble vouloir dire exactement l'inverse : effectivement, on assiste à un processus de très grande envergure – l'Église s'éteint dans les consciences et elle se divise dans les communautés. Au sein d'un monde qui aspire à l'unité, l'Église se perd dans le ressentiment nationaliste, dans la diabolisation de l'étranger, dans la glorification de soi-même. Entre les managers de la laïcité et la réaction de ceux qui se raccrochent trop fortement à l'apparence extérieure de l'Église et à son passé, entre le mépris de la tradition et la construction positiviste étroite, il semble ne pas y avoir de juste milieu – l'opinion publique assigne sans indulgence à chacun sa place ; elle a besoin d'étiquettes claires et elle ne tolère aucune nuance : celui qui n'est pas pour le progrès est contre lui ; il faut être conservateur ou progressiste. La réalité est certes, Dieu soit loué, tout à fait différente. Entre ces deux extrêmes, il y a aujourd'hui de simples croyants discrets et presque encore silencieux, qui accomplissent dans cette période de troubles la véritable mission de l'Église : ils prient et font preuve de patience dans la vie quotidienne ; leur attitude s'inspire de la parole de Dieu. Mais comme ils ne cadrent pas avec l'image que l'on veut avoir, ils se taisent – cette véritable Église n'est pas en effet invisible mais profondément dissimulée sous les actes des hommes.

Voici une première indication sur le contexte dans lequel se pose la question « Pourquoi suis-je encore dans l'Église ? » Si l'on doit vraiment y répondre de manière pertinente, il faut d'abord approfondir sérieusement l'analyse des tenants et aboutissants, dont le lien étroit avec notre sujet se situe dans le petit mot « aujourd'hui » et en arriver, au-delà du simple constat, à la question des causes.

Comment en est-on arrivé à cette étrange situation babylonienne au moment même où l'on avait espéré une nouvelle Pentecôte ? Comment a-t-il été possible qu'un vide inquiétant se soit brutalement substitué à la richesse des acquis, à l'instant précis où le concile semblait venir de faire la synthèse de la prise de conscience que les siècles derniers avaient opérée ? Comment ce grand élan vers l'unité a-t-il engendré le déclin ? J'aimerais tout d'abord tenter de répondre en faisant une comparaison qui peut dans un premier temps masquer le devoir qui nous incombe, mais qui clarifiera les raisons précédemment évoquées, des raisons qui permettent de dire aussi oui dans tout ce non. Il semble qu'en essayant de comprendre l'Église, une démarche qui s'est transformée finalement durant le concile en une âpre lutte pour la remodeler, nous nous soyons tant rapprochés d'elle que nous ne parvenions plus à en avoir une perception globale. Nous ne sommes plus capables de voir la ville derrière les maisons, la forêt derrière les arbres – nous nous retrouvons vis-à-vis de l'Église dans une situation identique à celle où la science nous a mis à de nombreuses reprises face au réel. Nous voyons le détail avec une si grande précision qu'il devient impossible de cerner l'ensemble. Et, comme ailleurs, le bénéfice tiré de la précision est au détriment de la vérité. Tout ce que nous dévoile le microscope est incontestablement exact, mais, lorsque nous observons un morceau de bois au microscope, il peut nous arriver dans un premier temps de ne pas déceler la vérité si nous oublions que chaque chose prise séparément n'existe pas séparément mais a une existence dans le tout. Le microscope ne peut pas appréhender le tout bien qu'il soit néanmoins réel, plus réel que la chose isolée.

Disons maintenant les choses sans filer la métaphore. La perspective actuelle a déformé notre regard sur l'Église : nous ne la considérons plus que sous l'angle de la faisabilité. Nous nous demandons ce que nous pouvons en faire. Les efforts intenses accomplis pour mettre en œuvre des réformes dans l'Église sont parvenus à nous faire oublier tout le reste ; elle n'est plus pour nous aujourd'hui qu'un objet que nous pouvons transformer. Nous nous interrogeons pour savoir ce qu'il faut modifier pour la rendre plus « efficace », afin de satisfaire aux buts que chacun lui fixe de façon individuelle. Au cours de ce questionnement, l'idée de réforme a dégénéré dans la conscience courante et se retrouve dépossédée de son fondement. Car la réforme, si l'on prend le mot dans son sens littéral, est une démarche spirituelle très proche du « revirement » et de la conversion, et dans ce sens, elle est au cœur de la de la démarche chrétienne : on ne devient chrétien qu'en se convertissant, cela vaut pout toute personne durant toute sa vie, cela vaut pour l'Église à travers toute son histoire. Elle ne vit en tant qu'Église qu'en renouvelant sans cesse sa conversion au Seigneur, qu'en sortant de son enfermement dans l'individuel, qu'en se débarrassant de ses bonnes vieilles habitudes qui font si facilement obstacle à la vérité. Mais là où la réforme s'éloigne de la conversion et n'en accepte plus les contraintes, là où le salut n'est attendu que de la transformation des autres, de nouvelles adaptations et de nouveaux ajustements à l'époque – il peut certes se produire des choses utiles –, mais fondamentalement, elle n'est plus que la caricature d'elle-même. Une telle réforme ne peut finalement concerner que l'inessentiel et l'accessoire ; ce n'est pas un hasard si l'Église finit elle aussi par apparaître comme une préoccupation de second ordre. Si l'on songe à cela, on comprendra alors le paradoxe que les tentatives actuelles de rénovation ont généré : l'effort accompli pour assouplir les structures sclérosées, réformer les formes de l'office qui dataient encore du Moyen Âge ou à vrai dire surtout du temps de l'absolutisme, pour les rectifier et pour libérer l'Église des surcharges accumulées au cours de son histoire afin d'aller vers un office plus simple conforme à l'esprit de l'Évangile – n'a conduit en fait qu'à une surestimation de l'élément administratif, qui reste un phénomène unique dans l'Histoire. Les institutions et les fonctions dans l'Église n'ont jamais été critiquées aussi radicalement qu'aujourd'hui. Elles concentrent plus que jamais exclusivement l'attention sur elles. Pour beaucoup même, l'Église semble se réduire essentiellement à cela. La question de l'Église s'essouffle dans la lutte qu'elle mène pour ses institutions ; on ne veut pas laisser sans emploi un appareil si élaboré que l'on trouve par ailleurs néanmoins vraiment peu adapté aux buts fixés.

Derrière tout cela, transparaît le point suivant qui est l'essentiel : la crise de la foi, qui joue un rôle essentiel dans le processus. L'Église englobe, d'après son profil sociologique, une population qui se situe largement au-delà du milieu des véritables croyants. Il résulte de cette contre-vérité institutionnalisée une profonde aliénation de sa véritable essence. L'effet de publicité du concile et le rapprochement apparemment possible entre croyance et incroyance, qui falsifient presque inévitablement les informations, ont joué un rôle de facteur aggravant : l'accueil favorable accordé au concile venait en partie de ceux-là même qui n'avaient pas vraiment l'intention de devenir croyants, au sens où la tradition chrétienne l'entend, mais qui saluaient un « progrès » de l'Église. Elle prenait l'orientation qu'ils souhaitaient et cette évolution les confirmait dans leur propre choix. À ce moment-là, même la foi traversait au sein de l'Église une zone de turbulence. Sa transmission à travers l'Histoire a rendu l'ancien *Credo* suspect et plus difficile à interpréter dès lors que les contours des choses ont perdu en netteté ; les objections soulevées par les sciences naturelles ou plus encore l'affirmation de ce que l'on tenait pour une vision moderne du monde n'ont pas manqué d'accentuer le processus. La frontière entre l'interprétation et le rejet est devenue de plus en plus vague, justement au sein de l'Église. Que signifie en fait « ressuscité des morts » ? Qui croit, qui interprète, qui conteste ? Et derrière la querelle tournant autour des limites de l'interprétation, le visage de Dieu disparaît progressivement. La « mort de Dieu » est un processus tout à fait réel qui touche aujourd'hui le cœur même de l'Église. On a l'impression que Dieu meurt dans la chrétienté. Là où la résurrection est perçue comme une vision dépassée de la mission, Dieu n'œuvre pas. Mais, en fait, œuvre-t-il vraiment ? Voilà la question qui vient immédiatement à l'esprit. Quel est celui qui serait réactionnaire au point de défendre la réalité concrète de l'article « Ressuscité des morts » ? Ainsi, ce que l'un tient pour un progrès est synonyme pour l'autre d'incroyance. Ce qui était jusqu'à présent impensable est devenu normal : les hommes qui ont depuis longtemps abandonné le *Credo* de l'Église, se considèrent en toute bonne conscience comme des chrétiens véritablement progressistes. Il n'y a pour eux qu'un seul critère qui compte et qui leur permet de juger l'Église : le critère de fonctionnalité qui guide son action ; reste encore à savoir ce qui est fonctionnel et ce à quoi cette fonctionnalité doit en fait servir. À la critique de la société, à l'aide au développement, à la révolution ? Ou à l'organisation de fêtes paroissiales ? Toujours est-il qu'il faut tout reprendre depuis le début, car l'Église n'a pas été conçue à l'origine dans ce but et, dans sa forme actuelle, elle n'est absolument pas fonctionnelle. C'est ainsi que le malaise grandit chez les croyants comme chez les non-croyants. Le droit d'hébergement dans l'Église, que la non-croyance a obtenu, rend la situation toujours plus insupportable à l'un comme à l'autre. D'autant plus, du reste, qu'à cause de ces évolutions, le programme de la réforme apparaît dans une dramatique et étrange ambiguïté, presque impossible à lever.

On ne peut évidemment résumer la situation de l'Église à cela. Ce qui s'est déroulé dans ces dernières années comporte aussi énormément d'aspects positifs qu'il ne faut pas passer sous silence – nouvelle accessibilité à la liturgie, attention portée au problème social, meilleure entente entre les chrétiens séparés, la dissipation de craintes provoquées par une foi étroite et mal enracinée, et tant d'autres choses encore. Tout cela est vrai. Il ne faut pas en amoindrir la valeur. Mais ce n'est pas ce qui caractérise la « situation météorologique générale » de l'Église (si l'on peut s'exprimer ainsi). Au contraire, les aspects positifs ont aussi pâti de l'ambiguïté qui a résulté de la disparition progressive des frontières entre la croyance et l'incroyance. Cette disparition ne fut une libération qu'à première vue. Aujourd'hui, il est clair qu'en dépit de tous les signes manifestes d'espoir, ce processus a provoqué l'émergence d'une Église qui n'est pas moderne mais profondément déchirée et parfaitement suspecte. Disons-le une fois pour toutes avec fermeté : Vatican I a défini l'Église comme le « *signum levatum in nationes* », comme le grand étendard eschatologique, visible de loin, qui appelle et rassemble les hommes. Elle serait (comme le pensait le concile de 1870) ce que Isaïe (11,12) espérait, le « signal visible de loin », que tout homme peut reconnaître et qui indique à tous clairement le chemin : elle serait par son extraordinaire rayonnement, sa grande sainteté, par sa propension à générer le bien et son inébranlable stabilité, le véritable miracle de la chrétienté, qui lui conférerait au regard de l'histoire une légitimation permanente suppléant à tout autre signe et miracle[1]. Aujourd'hui, on a l'impression que tout s'est inversé. Il n'est plus question d'extraordinaire rayonnement mais d'une petite association apathique et mesquine qui n'est pas sérieusement en mesure de franchir les frontières de l'Europe et de se dégager de l'esprit médiéval ; il n'est plus question de la

---

1. Denzinger-Schönmetzer, *Enrichidion Symbolorum*, Freiburg [32]1963. Nr.3013 f.

grande sainteté de l'Église mais d'accumulation de mécontentements humains ; l'Église se retrouve souillée et humiliée par une histoire qu'aucun scandale n'a épargnée, depuis les persécutions des hérétiques, la chasse aux sorcières, la persécution des Juifs jusqu'à la torture morale qu'elle aurait exercée par son autodogmatisation et sa résistance à l'évidence scientifique. Celui qui écoute le récit de son histoire finit par se voiler la face avec honte ; enfin il n'est plus question de stabilité mais de ballotement au gré des courants de l'Histoire, du colonialisme, du nationalisme. Elle serait même prête à prendre des arrangements avec le marxisme, allant même éventuellement jusqu'à se reconnaître en grande partie dans ses idées... L'Église semble ne plus être le signal qui appelle à croire mais plutôt le principal obstacle pour adhérer à la foi.

La véritable théologie de l'Église ne peut encore exister, semble-t-il, qu'en la privant de ses prédicats théologiques, qu'en la considérant et en la traitant exclusivement d'un point de vue politique. Elle semble ne plus être une émanation réelle de la foi, mais une organisation absolument arbitraire, quoique peut-être incontournable, instituée par les croyants. On devrait la transformer sur-le-champ en s'inspirant des toutes récentes découvertes de la sociologie. Faire confiance, c'est bien ; exercer un contrôle, c'est encore mieux — voilà désormais le mot d'ordre qui prévaut après toutes les déceptions éprouvées à l'égard de la fonction ecclésiastique. Le principe sacramental a perdu de son évidence, la seule chose qui semble encore digne de confiance est le contrôle démocratique[1]. Finalement

---

1. J. Ratzinger analyse, de manière très précise, les éléments qui peuvent justifier une telle aspiration et envisage ensuite, en étendant son analyse à de plus vastes domaines, sa compatibilité avec la forme sacramentelle de l'organisation de l'Église, dans : *Demokratie in der Kirche*, chez H. Maier, Limburg 1970.

même le Saint-Esprit est vraiment par trop insaisissable. Celui qui ne craint pas de jeter un regard sur le passé, sait évidemment que les ignominies de l'histoire se sont justement produites au moment où l'on avait emprunté cette voie qui mène à la prise de pouvoir de l'homme – cette voie qui considère les réalisations de l'homme comme la seule réalité effective.

II. UNE IMAGE POUR LA NATURE DE L'ÉGLISE

Envisager l'Église du seul point de vue politique – ce qui va à l'encontre de toute son histoire et de son essence même – est absurde. Décider de rester dans l'Église en fonction de critères exclusivement politiques est malhonnête, quand bien même cette décision serait prise sous le couvert de l'honnêteté. Mais comment peut-on, au regard de la situation actuelle, justifier le fait de demeurer dans l'Église ? Posons la question autrement : la décision d'opter pour l'Église doit être une décision spirituelle pour faire sens – mais comment alors justifier une telle décision spirituelle ? J'aimerais à nouveau fournir une première réponse sous forme d'une analogie. Pour ce faire, je vais revenir sur l'affirmation qui s'était imposée d'emblée lorsque nous avions décrit la situation de l'Église. Nous avions dit qu'en examinant l'Église de trop près nous avions fini par perdre de vue l'ensemble. On peut approfondir cette idée en la rapprochant d'une image que les Pères de l'Église ont mise en évidence dans leur interprétation symbolique du monde et de l'Église. Ils expliquèrent que la lune figurait dans l'organisation du cosmos ce qu'était l'Église dans l'organisation du salut, au sein du cosmos intellectuel et spirituel. La symbolique ancienne de l'histoire des religions est reprise ici (les Pères n'ont pas parlé de « théologie des religions », mais ils l'ont fondée). Ils ont fait de la lune le symbole de la fertilité comme de la fragilité, le symbole de la mort, de la fuite du temps, ainsi que celui de l'espoir de la renaissance et de la résurrection, l'image de l'existence humaine, « pathétique et consolante à la fois[1] ». Les symboliques lunaire et tellurique se combinent de différentes manières. La lune représente, par son caractère éphémère, comme par sa renaissance le monde des hommes, le monde terrestre, le monde caractérisé par son aptitude à recevoir, par son dénuement et par sa fertilité qu'il doit à un ailleurs : qu'il doit au soleil. C'est ainsi que la symbolique lunaire devient aussi le symbole de l'homme, de l'existence humaine, incarnée dans la figure de la femme : qui reçoit et devient féconde par la force même de son aptitude à recevoir.

Pour les Pères, l'application à l'Église de la symbolique de la lune découlait de deux idées principales : d'une part de la correspondance entre la lune et la femme (la mère), d'autre part de l'idée que la lune n'est pas source de lumière, puisqu'elle la reçoit d'Hélios. Sans lui, elle ne serait qu'obscurité ; elle brille, mais sa lumière n'est pas sa lumière, c'est la lumière d'un autre[2]. Elle est lumière et obscurité à la fois. Elle-même n'est qu'obscurité, mais elle dispense une clarté, qui lui vient d'un autre, dont la lumière se propage par son intermédiaire.

---

1. M. Eliade, *Les Religions et le Sacré*.

2. Cf. H. Rahner, *Grieschische Mythen in christlicher Deutung*, Darmstadt 1957, pp. 220-224 ; ainsi que *Symbole der Kirche*, Salzburg 1964, pp. 89-173. Information intéressante sur cette question qui fut l'objet de débats dans l'Antiquité : on s'était alors demandé si la lune possédait sa propre source de lumière ou si cette clarté lui venait d'ailleurs. Les Pères optèrent pour la thèse qui prévaut depuis et en ont fait un symbole théologique (cf. en particulier, p. 100).

C'est exactement en cela qu'elle représente l'Église, qui illumine bien qu'elle ne soit elle-même qu'obscurité : elle ne puise pas la lumière en elle-même, mais elle la reçoit du véritable hélios, le Christ, si bien qu'elle peut, bien qu'elle ne soit elle-même qu'un amas de pierres (comme la lune qui n'est aussi qu'une autre terre) éclairer les ténèbres dans lesquelles nous vivons de par notre éloignement de Dieu – « la lune nous raconte le mystère du Christ[1] ».

On ne doit pas faire dire aux symboles plus de choses qu'ils n'en disent ; ils sont précieux parce qu'ils détiennent une force évocatrice qui échappe à la logique. Cependant à l'ère des voyages dans la lune, quand on confronte la pensée symbolique à la pensée physique, on est tenté de développer la comparaison qui nous permettra de distinguer la spécificité de notre situation et la réalité de l'Église. L'astronaute ou la sonde lunaire ne découvrent sur la lune qu'un désert, des pierres, du sable et des montagnes, mais aucune source de lumière : la lune n'est en définitive que cela, elle n'est qu'un désert de sable et de pierres. Et pourtant, elle est, non pas en soi, mais par ce qu'elle reçoit et réfléchit la lumière, source de lumière et elle le reste à l'époque des voyages dans l'espace. La lune est ce qu'elle n'est pas elle-même. L'autre, le non-à-soi, est néanmoins aussi sa réalité – en tant que non-à-soi. Il y a une vérité de la physique et une vérité de la poésie, des symboles, l'une et l'autre ne s'annulent pas. Alors, je pose la question : n'avons-nous pas là une image véritable de l'Église ? Celui qui emprunte la navette spatiale pour faire des prélèvements sur l'Église et l'étudier, ne découvrira que le désert, le sable et les pierres, ne découvrira que l'humanité de

---

1. Ambroise, *Exameron* IV 8, 23 CSEL 32,1 S. 137, Z 27f ; H. Rahner, *Griechische Mythen*, 201.

l'homme et de son histoire avec ses déserts, sa poussière et ses montagnes. C'est ce qui lui est propre. Mais ce n'est pas ce qui la caractérise. L'essentiel est qu'elle est lumière bien qu'elle ne soit elle-même que sable et pierre, lumière provenant du Seigneur, provenant de l'Autre : ce qui ne lui est pas propre est en réalité véritablement ce qui lui est propre, sa caractéristique particulière, oui, elle trouve son essence dans le fait qu'elle n'a aucune valeur en elle-même, dans le fait que ce qui compte chez elle est précisément ce qu'elle n'est pas, et qu'elle n'existe que pour être dépossédée – qu'elle est source de lumière, alors qu'elle n'est pas lumière et que, de ce fait même, elle est néanmoins lumière. L'Église est « lune » – *mysterium lunae* – et c'est ainsi qu'elle s'adresse au croyant, car elle est justement le lieu d'une décision qui demeure spirituelle.

Ce que recouvre cette image me paraît être essentiel. Néanmoins, avant de tenter de transcrire concrètement son langage, j'aimerais l'expliquer en m'appuyant sur une autre observation. Après la germanisation de la liturgie, avant la dernière réforme, je commettais toujours un lapsus lorsque je récitais le *Suscipiat*. Cette erreur découlait précisément de cette caractéristique de l'Église que nous venons d'évoquer et la reflétait encore une fois de manière symptomatique. Dans la version allemande du *Suscipiat*, il est dit : « Que le Seigneur reçoive de vos mains le sacrifice à la louange et à la gloire de son nom et aussi pour notre bien à la gloire de *Sa* Sainte Église ». À chaque fois, je devais me retenir pour ne pas dire : « de *notre* Sainte Église ». Tout le problème se révèle dans ce lapsus et tout le glissement de sens concernant l'Église, apparaît ici clairement. Notre Église ainsi que toutes les nombreuses Églises se sont substituées à Son Église ; chacun a désormais la sienne. Les églises sont devenues *nos* entreprises dont nous sommes fiers ou dont

157

nous avons honte ; beaucoup de petites propriétés privées se juxtaposent, il ne s'agit que de nos églises « à nous », que nous bâtissons nous-mêmes, qui sont nos œuvres et nos propriétés, et que nous voulons donc en conséquence transformer ou maintenir en place. Derrière « notre église » ou aussi derrière « votre Église », « Son Église » a disparu. Mais la seule qui compte, c'est la Sienne et, si elle n'existe plus, alors notre Église doit aussi démissionner. Une Église qui ne serait que la nôtre serait une entreprise vaine et puérile.

III. POURQUOI JE RESTE DANS L'ÉGLISE ?

Je viens de donner une réponse fondamentale à la question qui nous occupe : je suis dans l'Église parce que je crois que « Son Église » existe derrière nos Églises, aujourd'hui comme avant, en dépit de ce que nous pourrions faire pour la supprimer. Je ne vois pas comment je pourrais être près de Lui autrement qu'en étant dans son Église, à l'intérieur même de Son Église. Je suis dans l'Église parce que je crois malgré tout qu'elle n'est pas profondément notre, mais justement « Son Église ».

Pour m'exprimer encore plus concrètement : c'est l'Église qui, en dépit de son caractère proprement humain, nous donne le Christ. Ce n'est qu'à travers elle que nous pouvons Le recevoir, comme une réalité vivante et toute-puissante qui, ici et maintenant, me comble et me pousse à me surpasser. Henri de Lubac a formulé cette idée de la façon suivante : « Savent-ils, ceux qui acceptent encore Jésus tout en rejetant l'Église, que c'est grâce à elle, en fin de compte, qu'ils le connaissent ? [...] Jésus est vivant pour nous. Sous quels sables mouvants seraient ensevelis non pas son nom et sa mémoire, mais son influence vivante, l'action de l'Évangile et la foi en sa divine personne sans la continuité visible de son Église ? [...], sans l'Église, le Christ finirait par s'évanouir, se déliter, disparaître. Et que deviendrait l'humanité si on lui enlevait le Christ [1] ? » Cette évidence élémentaire doit être postulée avant tout autre chose : quelles que soient les infidélités qui se commettent ou qui peuvent se commettre dans l'Église, il est indéniable qu'elle a besoin constamment de se référer à Jésus-Christ. Et c'est pour cette raison qu'il n'y a finalement pas d'opposition entre le Christ et l'Église. C'est l'Église qui permet au Christ de traverser l'Histoire et de rester vivant, de nous parler aujourd'hui, d'être auprès de nous aujourd'hui comme notre Seigneur et Maître, comme notre frère qui nous rassemble en une fraternité. Et dans la mesure où l'Église, et elle seule, nous donne Jésus-Christ, le rend présent et vivant dans le monde, le fait renaître toujours dans la foi et dans la prière des hommes, elle dispense Sa lumière à l'humanité, lui fournit un point d'ancrage et un critère de référence sans lesquels elle ne serait plus concevable. Celui qui désire la présence de Jésus-Christ dans l'humanité, ne la trouvera pas en s'opposant à l'Église, il la trouvera en son sein même.

De cela découle l'affirmation suivante : je suis dans l'Église parce que je suis chrétien. Car on ne peut pas croire tout seul. On ne peut croire qu'avec ses coreligionnaires. La foi est d'après son essence même une force de rassemblement. Elle est figurée pour la première fois dans le récit de la Pentecôte, dans le miracle de la compréhension qui se produit entre des hommes que

---

1. H. de Lubac, *Geheimnis, aus dem wir leben*, Einsiedeln 1967, 20 f, cf. 18 et suivantes.

leur origine et leur histoire séparent. La foi est ecclésiale ou elle n'est pas. S'ajoute à cela un autre fait : de même qu'on ne peut croire seul, mais seulement avec ses coreligionnaires, on ne peut décider de son propre chef de croire et inventer sa foi. Nous ne pouvons croire que lorsque, et parce que, le pouvoir de croire nous est donné, pouvoir que l'on ne détient pas personnellement, qui n'est pas de notre ressort, mais qui nous précède. Une foi inventée est une contradiction en soi. Car une croyance que j'aurais moi-même inventée ne pourrait que dire et attester ce que je suis moi-même et ce que je sais de toute façon, elle ne pourrait franchir le seuil de mon propre moi. Par conséquent, une Église que j'ai moi-même édifiée, une communauté qui se constitue de manière autonome et qui ne dépend que de mon bon vouloir, est une contradiction en soi. Si la foi requiert la communauté, alors il s'agit d'une communauté qui est toute-puissante et qui me précède, et non d'une de mes créations, d'un instrument au service de mes propres désirs.

On peut reformuler le tout en se plaçant dans une perspective plus historique : soit ce Jésus était plus qu'un homme, et alors il détenait un pouvoir immanent qui était plus que le produit de son propre bon-vouloir. Soit il émanait de lui un pouvoir qui s'impose et perdure à travers le temps, ou bien il n'a pas transmis en héritage un tel pouvoir. Dans ce cas, je ne peux que m'en remettre à mes propres reconstitutions. Il n'est alors guère plus que n'importe quel autre grand personnage fondateur que l'on se remémore par la pensée. Mais s'il est davantage – et cela ne dépend pas de mes propres reconstitutions –, le pouvoir qu'il a légué en héritage vaut encore aujourd'hui.

Revenons en arrière : on ne peut être chrétien que dans l'Église. Et pas en marge. Et n'ayons pas peur de poser encore une fois très froidement une question pathétique : que serait le monde sans le Christ ? Sans un Dieu, qui parle et qui connaît l'homme, et que, de ce fait, l'homme peut aussi connaître ? Nous connaissons aujourd'hui très exactement la réponse. Là où l'on a tenté avec acharnement et persévérance d'instaurer un monde sans Dieu, l'entreprise s'est soldée par une expérience absurde, par une expérience privée de modèle. Quelles que soient les défaillances que puisse avoir eues concrètement la chrétienté au cours de son histoire (et elle a toujours failli de manière consternante), les lois de la justice et de l'amour sont, quand bien même elle ne le voudrait pas, néanmoins issues du message qu'elle conserve, souvent contre son gré quoique cependant jamais sans la force tranquille qu'elle tire du message dont elle est la dépositaire.

Autrement dit : je reste dans l'Église parce que je considère que sa pratique à l'intérieur de l'Église, et non en s'opposant à elle, est une nécessité pour les hommes, et même pour le monde, qui vit de cette foi même là où il ne la partage pas. Car là où Dieu n'est plus — un Dieu qui se tait n'est pas Dieu — la vérité ne précède plus le monde et l'homme. On ne peut pas vivre durablement dans un monde dont la vérité serait absente. Lorsque l'on renonce d'office à la vérité, on profite encore en silence de ses dernières lueurs avant qu'elle ne disparaisse, exactement comme on profite au crépuscule des derniers rayons du soleil qui pourraient nous laisser croire que la nuit n'est pas encore tombée sur le monde alors qu'en réalité elle nous surprend déjà.

On peut formuler encore autrement la même chose en l'envisageant sous un autre angle : je reste dans l'Église car seule la foi de l'Église sauve l'homme. Cela semble très traditionnel et dogmatique, irréel, mais je le pense de manière tout à fait objective et réaliste. L'aspiration à la délivrance s'est brutalement réveillée dans notre monde de contraintes et de frustrations. Les efforts entrepris par Freud et par C.G. Jung ne sont rien d'autre que des tentatives de délivrer celui qui est prisonnier. Marcuse, Adorno, Habermas poursuivent, chacun à sa manière, en partant de points de départ différents, leur quête de délivrance, et ils l'annoncent. À l'arrière-plan, se trouve Marx qui pose aussi la question de la délivrance. Plus l'homme est libre, plus il est éclairé, plus il est puissant, plus l'aspiration à la délivrance le taraude, et moins il est libre. Dans leur quête de délivrance, Marx, Freud et Marcuse se rejoignent dans leur aspiration à un monde délivré de la souffrance, de la maladie et de la misère. Un monde sans pouvoir, sans souffrance, sans injustice, voilà la grande devise de notre génération ; les explosions violentes de la jeunesse actuelle sont dirigées contre cette promesse ; les plus âgés éprouvent une vive rancœur puisque la promesse ne s'est toujours pas encore réalisée : le pouvoir, l'injustice et la souffrance sévissent toujours. Lutter dans le monde contre la souffrance et l'injustice procède en réalité d'un élan tout à fait chrétien. Mais l'idée qu'on puisse par des réformes sociales, par la suppression du pouvoir et de l'ordre établi, édifier un monde délivré de toute souffrance ainsi que le désir de le voir se concrétiser sous nos yeux aujourd'hui, sont des hérésies et témoignent d'une profonde méconnaissance de la nature humaine. Dans ce monde, la souffrance ne provient certainement pas des inégalités de pouvoir et de biens. Et la souffrance n'est pas la seule chose désagréable dont l'homme devrait se débarrasser. Celui qui n'aspire qu'à cela peut fuir dans le paradis artificiel de la drogue. Il commencera par se détruire vraiment lui-même et se retrouvera en contradiction avec la réalité. Car ce n'est qu'en éprouvant soi-même la souffrance et qu'en souffrant pour se libérer de la tyrannie de l'égoïsme que l'homme se découvre et découvre sa vérité, sa joie et son bonheur. Tout ce qu'on nous fait miroiter, à savoir qu'on pourrait devenir un homme sans s'affirmer soi-même, sans avoir la patience du renoncement et sans éprouver les fatigues de l'effort sur soi, tout ce qu'on nous fait accroire, à savoir qu'il n'est pas nécessaire de persévérer dans nos travaux et de faire preuve constamment d'endurance pour vivre ce tiraillement entre le devoir de l'homme et son être véritable, tout cela est à l'origine de la crise de notre monde actuel. Un homme dépossédé de sa souffrance, que l'on a enlevé au pays de cocagne, perd ce qui lui est propre, il se perd lui-même. En réalité, l'homme ne sera délivré par rien d'autre que par la Croix, par l'acceptation de sa propre passion et de celle du monde, qui est devenue, par la passion du Christ, le lieu du sens qui délivre. Ce n'est qu'ainsi, dans cette acceptation, que l'homme sera libre. Toutes les offres qui promettent cette liberté à coût modique échoueront et se révéleront mensongères. L'espoir de la chrétienté et la chance de la foi reposent en dernier ressort tout simplement sur la vérité que dit la foi. La chance de la foi est la chance de la vérité qui peut être piétinée et camouflée, mais qui ne meurt pas.

Venons-en à notre dernier point. Un homme ne voit que s'il aime. Il y a certes aussi la lucidité du refus et de la haine. Mais le refus et la haine ne discernent que ce qui leur ressemble : le négatif. Ils peuvent préserver de l'aveuglement l'amour qui ne perçoit pas ses propres limites et les menaces qui le guettent. Mais ils ne sont pas constructifs. Sans une certaine dose d'amour, on ne trouve rien. Celui qui ne s'engage pas au moins un peu dans l'expérience de la foi, dans l'expérience de l'Église, celui qui ne s'engage pas positivement, qui n'assume pas le risque de voir avec les yeux de l'amour, va au-devant des ennuis. L'aventure de l'amour est la condition préalable de la foi. Pour peu qu'on se lance, alors on ne ressent plus le besoin d'occulter le moindre des travers obscurs de l'Église. On découvre qu'il n'y a pas que cela dans l'Église. On découvre à côté des scandales une autre histoire de l'Église, celle de cette force libératrice et prolifique de la foi qui s'est incarnée à travers les siècles dans de grands personnages tels que saint Augustin, saint François d'Assise, le dominicain Las Casas qui s'est battu avec fougue pour les Indiens, saint Vincent de Paul, Jean XXIII. Et l'on découvre encore que l'Église a laissé dans l'histoire une traînée lumineuse qu'il ne faut pas éclipser. Sans parler des belles choses que son message a inspirées, que nous admirons encore aujourd'hui dans des œuvres incomparables qui témoignent de sa vérité : ce qui a pu s'exprimer de cette manière ne peut venir des ténèbres. La beauté des grandes cathédrales, la beauté de la musique qui a été composée dans l'entourage de la foi, la noblesse de la liturgie ecclésiastique et surtout la réalité concrète de la célébration que l'on ne peut pas inventer tout seul, mais qu'on peut seulement recevoir [1], la transformation du calendrier en calendrier liturgique, dans lequel le passé et le présent, l'instant et l'éternité se rejoignent, tout cela n'est pas dû à mon avis à un quelconque hasard. Le beau reflète le vrai, disait saint Thomas d'Aquin, et l'altération du beau est la dérision de la vérité perdue, pourrait-on ajouter. L'expression que la foi a su prendre dans l'Histoire témoigne en sa faveur, et en faveur de la vérité qui lui est sous-jacente.

J'aimerais ajouter une précision supplémentaire même si elle paraît nous entraîner fortement dans le domaine subjectif. Il est encore possible aujourd'hui, pour peu que l'on garde les yeux grands ouverts, de rencontrer

---

1. Voir à ce sujet en particulier J. Pieper, *Muße und Kult*, Munich 1948.

des hommes qui sont le témoignage vivant de la force libératrice de la foi chrétienne. Il n'y a pas de honte à être chrétien et à le rester grâce aux hommes qui nous ont montré ce que c'est que d'être chrétien et qui ont, par leur vie, rendu cet état digne de foi et d'amour. En définitive, il est illusoire de vouloir se transformer en une sorte de sujet transcendantal qui ne s'attache qu'au non-contingent. Il nous incombe ensuite de réfléchir sur de telles expériences, de voir comment on peut les justifier, les épurer et les accomplir à nouveau. Mais ne faut-il pas voir là aussi, dans ce nécessaire processus d'objectivisation, une preuve non négligeable du christianisme qui a rendu les hommes humains en les unissant à Dieu ? Ce qui est extrêmement subjectif n'est-il pas ici aussi un fait absolument objectif, dont nous ne devrions pas avoir honte ?

Encore une remarque pour conclure. Lorsque l'on dit, comme on vient de le faire, que l'on est aveugle sans amour, que l'on doit aussi aimer l'Église pour la connaître, de nos jours beaucoup de gens s'impatientent. L'amour n'est-il pas le contraire de la critique ? Et n'est-il pas en fin de compte le prétexte que se donnent les dirigeants pour écarter la critique et maintenir ce qui existe en leur faveur ? Rend-on service aux hommes en les rassurant et en enjolivant ce qui est, ou bien leur rend-on service en s'élevant continuellement contre l'in-justice bien établie et contre la lourdeur des structures qui les accablent ? Ce sont des questions qui vont très loin et qui ne peuvent être traitées ici dans le détail. Mais une chose devrait être claire : l'amour véritable n'est ni statique ni crédule. S'il y a une possibilité de transformer un homme positivement, alors ce n'est qu'en l'aimant et en l'aidant lentement à évoluer, pour aller de qu'il est vers ce qu'il peut devenir. Devrait-il en être autrement en ce qui concerne l'Église ? Jetons un regard sur l'histoire récente : dans la rénovation de la liturgie et de la théologie qui a eu lieu dans la première moitié de ce siècle, on a assisté à une véritable réforme qui a eu des conséquences positives ; cela n'a été possible que parce que des hommes ont porté sur l'Église un regard vigilant, aimant, mais critique, parce qu'ils disposaient de la faculté de faire des distinctions et parce qu'ils étaient prêts à souffrir pour elle. Si aujourd'hui tout échoue, c'est essentiellement parce que nous ne cherchons plus qu'à nous conforter nous-mêmes. Rester dans une Église que nous ne bâtirions qu'afin qu'elle soit digne de perdurer ne rime à rien ; c'est une contradiction en soi. Mais rester dans l'Église parce qu'elle mérite de demeurer, parce qu'elle mérite d'être aimée et qu'elle peut grâce à l'amour se métamorphoser constamment pour devenir elle-même – c'est la voie que nous indique la responsabilité de la foi aujourd'hui.

DE LA MISSION UNIVERSELLE
DE LA FOI CHRÉTIENNE

La question du fondement chrétien de la conscience européenne et celle des devoirs qui incombent aux chrétiens dans la construction de l'avenir de l'Europe se trouvaient au cœur des débats du colloque international, organisé par l'Académie catholique de Bavière, le 28 et 29 avril 1979 à Strasbourg. Le politologue Dolf Sternberger, l'ambassadeur d'Israël en Allemagne Fédérale Ehud Avriel, l'historien Joseph Rovan et le cardinal Joseph Ratzinger, alors archevêque de Munich et Freising, intervinrent lors de cette manifestation se déroulant à la veille des premières élections au Parlement européen. Dans sa conférence fondamentale, Joseph Ratzinger partit d'une analyse de la situation spirituelle, pour définir ensuite l'héritage spécifiquement européen avant de proposer des orientations qui permettent la cohabitation concrète au sein de l'Europe à venir en satisfaisant à la haute exigence de sa tradition.

L'EUROPE :
UN HÉRITAGE QUI ENGAGE LA RESPONSABILITÉ DES CHRÉTIENS

Au cours de l'histoire mouvementée de la notion et de la réalité d'« Europe », il est très significatif que l'idée d'Europe ait toujours surgi de manière plus accentuée aux moments où « les peuples que l'on unissait sous ce vocable commun » étaient menacés [1]. Ce ne fut pas seulement le cas au XXe siècle, après les deux guerres mondiales, quand il devint urgent de s'interroger sur l'Occident et sur le rétablissement d'une Europe unie, à la vue du spectacle des destructions dans le continent européen. Heinz Gollwitzer a déjà fait remarquer que le passage du terme « Europe » du langage savant au langage populaire, au commencement de l'ère moderne, n'est pas seulement une conséquence de l'influence sur le peuple de la pensée humaniste classique, inspirée par l'Antiquité, mais que l'on doit aussi y voir une réaction à la menace turque [2]. L'Europe expérimente plus clairement son identité quand elle affronte ce qui représente le contraire même de ce qu'elle est. On s'approche d'autant

---

1. H. Gollwitzer, *Europa, Abendland*, in. Ritter, *op. cit.*, p. 826.
2. *Ibid.*

mieux de la nature d'une réalité que l'on constate au préalable ce qu'elle n'est pas. Les débats, et même les luttes politiques actuelles au sujet de l'Europe s'expliquent largement par le fait que ce que l'on souhaite ou ce que l'on entend par « Europe » n'est pas très clair. S'agit-il de quelque chose de plus que d'un rêve romantique et quelque peu nébuleux ? Est-ce davantage qu'une communauté d'intérêts politiques et économiques des anciens dominateurs du monde, aujourd'hui marginalisés ? Ce que l'on entend réellement par Europe doit être probablement à mi-chemin entre l'idéalisme nébuleux et la communauté pragmatique d'intérêts. Ce n'est que dans la mesure où elle est quelque chose de plus que l'une ou l'autre de ces alternatives qu'elle pourra représenter, à long terme, le but à la fois réel et idéal d'une action politique imprégnée de sens moral. Ce qui est purement réel, sans idée directrice morale, ne peut pas entraîner ; de même, ce qui est uniquement idéal, sans contenu politique concret, reste ineffectif et vide. Ainsi, une première thèse, que je constituerai comme fondement de mon discours pourrait être la suivante : ce n'est que dans le cas où le concept d'« Europe » représente une synthèse de réalité politique et d'idéalisme éthique qu'il peut devenir une force déterminante pour l'avenir.

Nous devons donc chercher une notion d'Europe qui satisfasse à ces exigences. Quant à la méthode, s'offre tout naturellement à nous la démarche consistant à nous demander au préalable ce que l'Europe n'est pas, en partant des conceptions qui lui sont contraires. Dans une deuxième partie, j'essaierai de formuler les éléments positifs de la notion d'Europe. Dans la troisième partie, nous définirons très brièvement les tâches qui incombent à celui qui veut l'Europe.

I. LES CONCEPTIONS CONTRAIRES
À L'EUROPE

Au début de notre recherche des conceptions opposées à ce que l'on doit appeler « Europe », sur la base de son histoire et de l'éthos qu'elle recèle, j'ai pu rencontrer en particulier trois conceptions dont chacune exprime un courant différent de la dynamique de l'histoire de l'élément européen. Il existe tout d'abord, dans le monde entier, une forte tendance psychologique et politique à effectuer un retour à l'histoire antérieure à l'apparition de l'élément européen. On voudrait, pour ainsi dire, purifier l'Histoire de l'irruption de l'élément européen, considéré comme une aliénation des caractères propres, ou tout simplement comme un péché originel de l'Histoire, comme la cause de la crise mortelle dans laquelle est plongée l'humanité actuelle. En second lieu, on constate une certaine tendance à fuir pour ainsi dire vers l'avant devant l'histoire européenne, en continuant sa direction de mouvement de sorte que l'on rompe les liens avec les prémices qui y sont contenues. En troisième lieu, il existe une tendance à unir ces deux mouvements afin d'obtenir ainsi la fusion la plus forte entre le réalisme et les forces motrices idéales, et donc la plus efficace des conceptions contraires à l'Europe.

J'essaierai à présent de décrire rapidement ces trois tendances qui me semblent marquer les limites du concept d'Europe.

1. Le retour avant l'Europe

Depuis la fin de l'Antiquité jusqu'au début de l'époque moderne, l'islam s'est toujours montré le véritable rival de l'Europe. Cette opposition, dont la signification n'est pas uniquement géographique, entre l'Europe et l'Asie, entre *Erebos* (soir) et *Oriens*[1], était déjà manifeste chez Hécatée de Milet au VIe siècle av. Jésus-Christ, et continue à se vérifier sous la forme de ce nouvel antagonisme. Dès sa naissance, l'islam représentait, dans un certain sens, un retour à un monothéisme qui n'avait pas assimilé le bouleversement chrétien du Dieu devenu homme, et se fermait de la même manière à la rationalité et à la culture grecques qui, à travers la réflexion sur l'Incarnation divine, était devenue partie intégrante du monothéisme chrétien. On pourrait bien sûr objecter qu'il y a eu tout au long de l'histoire de l'islam des rapprochements avec le monde intellectuel grec ; ils n'ont cependant jamais été de longue durée. Cela signifie avant tout que la séparation entre la foi et la loi, entre la religion et le droit tribal ne se réalise pas dans l'islam et qu'elle n'est d'ailleurs pas réalisable sans toucher à son noyau même. En d'autres termes, la foi se présente dans le cadre d'un système plus ou moins archaïque de formes de vie relevant du droit civil et du droit pénal. Elle n'est pas définie dans un contexte national, mais dans un système juridique qui la fixe ethniquement et culturellement, en marquant, en même temps, des limites à la rationalité, là même où la synthèse chrétienne voit le domaine de la *ratio*[2].

Dès le XVIIIe siècle, l'islam perdait son importance morale et politique et, à partir du XIXe siècle, il tombait de plus en plus sous la domination des systèmes juridiques européens. Ceux-ci se croyaient universellement applicables car, en tant que droits surgis de l'époque des

---

1. H. Treidler, « Europa », in *Der kleine Pauly, Lexikon der Antike*, II, p. 448.

2. *Cf.* par exemple la description de Ringgren-Ström in *Die Religionen der Völker*, Stuttgart, 1959, pp. 98-142.

Lumières, ils s'étaient séparés de leur fondement chrétien et prétendaient constituer un pur droit de la raison. Mais précisément, là où l'islam vit ou redevient vivant comme foi, ces systèmes juridiques doivent être considérés comme opposés à Dieu et à la foi. Dans la perspective de l'unité de l'élément ethnique et de l'élément religieux, ils donnent l'impression d'être une attaque contre ces deux éléments à la fois, une aliénation non seulement de leur spécificité, mais de leur essence même. Ces deux facteurs déclenchent alors dans toute son impétuosité la réaction de rejet que nous pouvons observer aujourd'hui.

Il existe certainement de nombreuses causes à l'accentuation actuelle de cette tendance ; nous ne pourrons pas les discuter ici en détail. On peut mentionner avant tout le renforcement politique et économique du monde arabe, et également la crise dans laquelle est tombé le droit rationnel européen qui, après s'être séparé complètement de ses bases religieuses, menace de se transformer en une domination *de facto* de l'anarchie. Au moment où l'Europe met en question ses propres fondements spirituels, ou même les dissout, au moment où elle se dissocie de son histoire en voulant la considérer comme un « cloaque », la réponse d'une culture non européenne ne peut être qu'une réaction radicale et un retour à l'ère précédant la rencontre avec les valeurs chrétiennes.

Au demeurant, cette réaction du monde islamique ne constitue à mon avis que l'aspect le plus visible et politiquement efficace d'un mouvement qui agit avec de multiples variantes, et œuvre avec force au cœur de la conscience européenne. Les travaux de Lévi-Strauss, par exemple, expriment ce désir de l'esprit européen de laisser à son tour derrière soi la domestication chrétienne, justement parce qu'elle est une domestication, un esclavage en comparaison duquel le « monde sauvage » apparaît bien préférable [1]. À un niveau différent, mais qui lui est structurellement apparenté sous plus d'un aspect, nous trouvons une forme encore plus cruelle et effrayante de retour en arrière en-deçà du christianisme : celui que l'Allemagne a vécu et manifesté au reste de l'humanité pendant la première moitié de ce siècle. Le national-socialisme représentait en effet un refus du christianisme, aliénation de la « belle sauvagerie » germanique et un désir de retourner, au-delà de l'« aliénation » judéo-chrétienne, à cette « sauvagerie », célébrée comme la véritable culture [2].

2. La fuite en avant

Une deuxième antithèse à ce que l'Europe représente historiquement et moralement s'est développée, d'une manière fort différente, à partir de la nature même de l'esprit européen. Il faut probablement la considérer comme la « trouvaille » qui domine actuellement dans la pensée politique du monde dit occidental. L'Europe est caractérisée par la séparation entre la foi et la Loi fondée par le christianisme, séparation qui inclut en germe la rationalité du droit et son autonomie relative vis-à-vis du domaine religieux, ainsi que le dualisme État-Église. Bien que le domaine politique se soumette à des normes éthiques fondées par la religion, il n'a pas une constitution théocratique.

À l'époque moderne, cette indépendance de la raison a conduit de plus en plus rapidement à son émancipa-

---

1. Le travail de mon disciple B. Adoukonou, *Jalons pour une théologie africaine*, Lethielleux, coll. Le Sycomore, Paris-Namur, 1979, en offre une exposition.

2. *Cf.* à ce sujet, par exemple, R. Baumgartner, *Weltanschauungskampf im Dritten Reich*, Mayence, 1977.

tion totale et à une autonomie illimitée. Dans ce processus, la raison prend la forme de raison positive, mesurée à l'aune unique de la preuve par l'expérimentation, conformément à l'opinion d'Auguste Comte. Cela implique que l'entier domaine des valeurs, tout ce qui est « au-dessus de nous » tombe en dehors de l'espace de la raison. Ce qui « est au-dessous de nous », c'est-à-dire les forces mécaniques de la nature soumises à l'expérience, devient l'unique mesure déterminante de la raison, et donc de l'homme, tant en politique qu'individuellement. Bien que l'on ne refuse pas directement Dieu, on Le repousse dans le privé, le subjectif. Dans un article très problématique, mais suggestif par les problèmes qu'il pose, Friedrich Wilhelm Bracht a essayé de montrer que le véritable tournant de 1789 est le fait que Dieu ne soit plus le *summum bonum* public, qu'on Le remplace d'abord par la nation, puis, après 1848, par le prolétariat ou la révolution mondiale. Quant à la société moderne de consommation, son Dieu est le ventre[1]. Or, dans une société où Dieu ne peut plus être le *summum bonum* commun et public, mais où Il est exilé dans le domaine privé, le *status* de Dieu change même pour l'individu. Je qualifierais de post-européenne une société dans laquelle le mouvement que je viens de décrire se serait totalement accompli. En elle, on aurait abandonné ce qui a constitué l'Europe en tant que réalité spirituelle. En ce sens, les sociétés occidentales actuelles me paraissent être déjà en grande partie des sociétés post-européennes. Certes, elles vivent toujours des effets tardifs de l'héritage européen et, dans

---

1. F.W. Bracht, « Die Abkehr von Gott in der Politik », in *Zeitbühne*, 8, 1979, pp. 4-14, 41-48. Je n'accepte ni les concepts politiques ni les concepts ecclésiaux de Bracht, mais le problème de la position de Dieu dans la conscience publique mérite attention, même si, pour le reste, on ne peut suivre l'auteur.

cette mesure, elles sont toujours européennes. La pluralité des valeurs, légitime et européenne, s'exalte en un pluralisme duquel on exclut de plus en plus tout « ancrage » moral du droit et toute élaboration publique du sacré, du respect de Dieu comme valeur de la communauté. Le fait de poser cette question est déjà considéré comme une offense à la tolérance et à la communion fondée uniquement sur la raison. Cependant, une société qui se trouve dans cette situation de manière radicale ne peut pas rester, à mon avis, une société de droit. Elle s'ouvrira à la tyrannie quand elle se sera suffisamment épuisée dans l'anarchie. Dans une analyse clairvoyante du problème du droit, effectuée dans son interprétation du procès de Jésus, Rudolf Bultmann a formulé cette affirmation mémorable : « Un État non chrétien est possible en principe, mais non un État athée[1]. » Les sociétés occidentales sont actuellement en train de vivre cette expérience. Ainsi que je l'ai déjà suggéré, la réaction islamique contre l'Europe lui est intimement liée.

3. Le marxisme

Les deux tendances que nous venons de décrire s'unissent de curieuse manière dans le marxisme – troisième forme de refus (et la plus imposante) de la figure historique de l'Europe. D'un côté, le marxisme retourne au-delà de la foi chrétienne dans le salut commencé par le Christ, vers la structure d'espérance d'Israël, encore tout à fait ouverte. Mais il ne le fait pas avec l'intention de s'ancrer dans son grand héritage religieux. Il n'en reçoit

---

1. R. Bultmann, *Das Evangelium des Johannes*, Göttingen, 1957, 15ᵉ éd., p. 511.

que la dynamique religieuse et toute la force d'une espérance qui transcende le rationnel et emploie d'autre part comme instrument la raison moderne, émancipée de tout lien métaphysique. Il voit son *summum bonum* dans la révolution mondiale, c'est-à-dire dans un refus total du monde tel qu'il était, avec la conviction que le monde qu'il a à créer doit être, puisqu'il est négation de la négation, la positivité absolue. Par cette union des deux mouvements contraires au caractère européen, le marxisme peut être qualifié d'antithèse la plus radicale non seulement à l'élément chrétien comme tel, mais aussi à la forme historique caractérisée par le christianisme. Ce qui valait jusqu'à maintenant vaut comme non-valeur par excellence, et, précisément à cause de cela, la révolution représente la valeur par excellence. Le fait que ce qui avait jusqu'à présent une valeur trouve sa place nécessaire dans le processus de l'Histoire enfin éclairci n'empêche pas que seul son dépassement puisse représenter une action de progrès qui porte l'Histoire vers son accomplissement. Par conséquent, le marxisme est un produit de l'Europe, mais il est en même temps le refus le plus radical de l'Europe dans le sens de l'identité intérieure que celle-ci s'est construite au cours de son histoire.

II. LES COMPOSANTES POSITIVES
DE LA NOTION D'EUROPE

Dans la deuxième partie, je tenterai d'esquisser de manière positive ce qu'est l'Europe. Je voudrais le faire en suivant l'histoire de la signification du mot « Europe », histoire dans laquelle on entrevoit la stratification intérieure de la complexe structure de cette réalité. Il me semble que l'on peut reconnaître quatre niveaux différents.

1. L'héritage grec

Comme mot et comme notion géographique et spirituelle, l'Europe est une création des Grecs. Le vocable en lui-même est déjà caractéristique. Il provient probablement de la désignation commune des Sémites pour le soir *(ereb)* et renvoie ainsi à ce dialogue providentiel de l'esprit sémitique avec l'esprit occidental, qui appartient à la nature même de l'élément européen[1]. L'espace géographique décrit par le mot Europe s'élargit peu à peu : au début, il ne comprenait que la Thessalie, la Macédoine, l'Attique. Déjà, chez Hérodote, il représente, au sein de la grande division des trois continents de l'Europe, de l'Asie et de la Libye, l'une des trois zones géographiques et culturelles qui se touchent dans la région de la Méditerranée[2].

L'Europe semble donc être constituée tout d'abord par l'esprit de la Grèce. Si elle oubliait son héritage grec, elle ne pourrait plus être l'Europe. Bien que le mythe d'Europe nous renvoie au domaine des religions chthoniennes ou liées à la sphère religieuse minoenne, la formation de l'Europe se base sur le dépassement de la religion chthonienne grâce à la figure apollinienne. Il est difficile d'expliquer en détail tout ce qu'implique la Grèce comme héritage et comme responsabilité. Je considère comme l'élément central ce que Helmut Kuhn a appelé la différence socratique, la différence entre le

---

1. Treidler, *op. cit.*, II, p. 448.
2. *Ibid.*

bien et les biens, qui implique un droit de la conscience ainsi qu'un rapport mutuel entre *ratio* et *religio*[1]. On peut définir également l'héritage de la Grèce selon une autre perspective, pour nous plus concrète. La Grèce a découvert la démocratie, et c'est une découverte toujours actuelle, bien qu'il existe des différences entre elle et ce que l'on comprend aujourd'hui par ce terme. La démocratie élaborée par Platon est certainement liée à l'« eunomie », à la validité du droit juste, et ne peut demeurer démocratie qu'au sein d'une telle relation[2]. La démocratie n'est donc jamais uniquement une domination de la majorité. Le mécanisme d'établissement des majorités doit se soumettre à la mesure du règne commun du *nomos*, de ce qui est intrinsèquement droit, c'est-à-dire à des valeurs qui obligent la majorité elle-même.

2. L'héritage chrétien

On entrevoit la deuxième stratification de la notion d'Europe dans l'épisode bien connu de Actes 16,6-10. Dans cette narration particulièrement étrange et dramatique, l'Esprit de Jésus interdit à saint Paul de poursuivre son voyage missionnaire à l'intérieur de l'Asie. Un Macédonien lui apparaît dans une vision nocturne et lui dit : « Passe en Macédoine, viens à notre secours ! » Le texte continue : « Aussitôt après cette vision, nous cherchâmes à partir pour la Macédoine, persuadés que Dieu nous appelait à y porter la Bonne Nouvelle. » Bien que cela ne nous soit rapporté de cette manière que dans les Actes des Apôtres, je pense que l'on peut trouver un fonde-

---

1. H. Kuhn, *Der Staat*, Munich, 1967, p. 25 sq.

2. *Cf.* Chr. Meier. « Demokratie », in *Geschichtliche Grundbegriffe. Historisches Lexikon zur politisch-sozialen Sprache in Deutschland*, Stuttgart, 1973, p. 829 sq.

ment plus large dans le Nouveau Testament. À mon avis, il y a convergence entre ce récit et une phrase de l'Évangile de saint Jean, située dans un passage important. Avant la Passion, après l'entrée de Jésus à Jérusalem, au moment même où l'on parle de l'accomplissement de la gloire de Jésus, s'élève la prière des Grecs : « Seigneur, nous voulons voir Jésus ! » (Jn 12,21). L'évêque Graber remarque que, dans le récit de la Pentecôte que nous fait saint Luc (*Ac* 2,10), ce sont les Asiatiques qui sont nommés en premier lieu dans l'énumération des peuples qui représentent l'Orbe. On ne parle des Romains qu'en dernier [1]. Le point de départ de l'Évangile se situe donc en Orient. Comme saint Jean et tout le Nouveau Testament, saint Luc insiste sur la racine d'Israël : le salut provient des Juifs (Jn 4,22). Cependant, saint Luc ajoute une voie qui ouvre une nouvelle porte. Le chemin tracé par les Actes des Apôtres conduit de Jérusalem à Rome, aux païens qui détruisent Jérusalem, mais l'assument d'une nouvelle manière.

Le christianisme est donc la synthèse œuvrée en Jésus-Christ entre la foi d'Israël et l'esprit grec. Wilhelm Kamlah l'a démontré d'une manière impressionnante [2]. C'est sur cette synthèse que se fonde l'Europe. La tentative de la Renaissance de distiller la réalité grecque en enlevant la composante chrétienne, et de la rétablir dans sa pureté originelle a aussi peu de sens que la tentative plus récente d'établir un christianisme déshellénisé. À mon avis, l'Europe au sens strict naît et est supportée par cette synthèse.

---

1. R. Graber, *Ein Bischof spricht über Europa*, Ratisbonne, 1978, pp. 10 sq. et 22 sq., où l'on trouve aussi l'indication d'une relation avec *in* 12,21.

2. W. Kamlah, *Christentum und Geschichtlichkeit*, Stuttgart, 1951.

3. L'héritage latin

Une troisième stratification de notre notion devient manifeste dans le fait que le terme d'« Europe » au VIe siècle désigne la Gaule, et que, plus tard, l'Empire carolingien prétendra être l'Europe et épuiser le contenu de ce terme[1]. À la suite de nouveaux développements, cette identification, jamais tout à fait acceptée, sera en grande partie atténuée. Il n'y a pas eu d'identification entre l'*Imperium sacrum* du haut Moyen Âge et l'Europe. La notion d'Europe était plus large que celle du Saint-Empire qui se considérait comme la forme chrétienne de l'*Imperium Romanum*. Toutefois, l'Europe coïncidait alors avec l'Occident, c'est-à-dire avec le domaine de la culture et de l'Église latines. Cet espace latin incluait non seulement les peuples romains mais aussi les peuples germaniques, anglo-saxons et une partie des peuples slaves, en particulier la Pologne. Cette *Res publica christiana*, que l'Occident chrétien avait conscience de former, n'était pas une construction politique, mais un ensemble réel vivant dans l'unité de culture, dans un « système de droit qui transcende les ethnies et les nations, dans les conciles, dans l'établissement des universités, dans la fondation et l'expansion des ordres religieux, et dans la circulation de la vie spirituelle et ecclésiale à partir de Rome, son cœur[2] ».

Il n'est pas possible de recréer la *Res publica christiana* du Moyen Âge, et on ne peut non plus se fixer comme but de la restaurer telle qu'elle était. L'histoire ne marche pas à reculons. L'Europe future devra porter en elle une quatrième dimension, celle de l'époque moderne, et elle devra par-dessus tout sortir du cadre trop étroit de l'Oc-

---

1. Gollwitzer, *op. cit.*, p. 826.
2. *Ibid.*, p. 825.

cident, du monde latin, pour incorporer le monde grec et le monde de l'Orient chrétien ou, au moins, s'ouvrir à eux. Mais inversement, il ne pourra y avoir d'Europe si celle-ci se débarrasse de l'héritage latin, de l'héritage de l'Occident chrétien dans le sens que nous venons de décrire. Si tel était le cas, on ne pourrait plus parler d'Europe, car on aurait consommé sa disparition.

4. L'héritage de l'époque moderne

Nous trouvons la quatrième couche constitutive de la réalité « Europe » dans la contribution apportée par l'esprit de l'époque moderne, à laquelle on ne peut renoncer. Il est vrai que l'ambiguïté propre aux diverses strates se fait peut-être ici encore plus manifeste. Mais cela ne doit en aucun cas nous conduire à un refus de la modernité, tentation que l'on peut rencontrer au XIXe siècle dans le médiévisme romantique, et entre les deux guerres mondiales, dans certains milieux catholiques.

Je considère que l'une des caractéristiques positives de l'époque moderne est le fait que la séparation entre la foi et la loi, un peu passée sous silence au temps de la *Res publica christiana* du Moyen Âge, ait été enfin réalisée de manière conséquente. La liberté de foi prend ainsi progressivement forme grâce à une distanciation vis-à-vis de l'ordre juridique bourgeois. Les exigences internes de la foi se distinguent donc clairement des aspirations fondamentales de l'éthique sur lesquelles se fonde le droit. Dans ce fécond dualisme État-Église, les valeurs humaines fondamentales, selon la vision chrétienne du monde, rendent possible une société humaniste libre dans laquelle sont garantis le droit de la conscience aussi bien que les droits fondamentaux de l'homme. En elle, des expressions différentes de la foi chrétienne peuvent coexister et donner lieu à des positions politiques différentes, qui se trouvent cependant en communion autour d'un code fondamental de valeurs dont la force d'obligation protège en même temps la liberté maximale.

Comme nous le savons par notre propre expérience, ce qui vient d'être décrit constitue, pour ainsi dire, un modèle idéal de l'époque moderne telle qu'elle voulait se voir, mais telle qu'elle ne s'est jamais tout à fait réalisée. L'ambiguïté de la modernité tient au fait qu'elle a de plus en plus méconnu les racines et le fondement vital de l'idée de liberté. Elle a poussé la raison à une émancipation qui s'oppose intrinsèquement à la nature même de la raison humaine en tant que raison non divine, et qui devait donc finir par être elle-même irrationnelle. Enfin, l'idéal par excellence de l'époque moderne semble être à tort cette raison rendue totalement autonome, qui ne connaît plus qu'elle, ainsi devenue aveugle, et qui, par la destruction de ses fondements, s'est rendue elle-même inhumaine et hostile à la création. Bien que cette forme d'autonomie de la raison constitue, il est vrai, un produit de l'esprit européen, il faut également la considérer comme post-européenne, et même anti-européenne, comme une destruction intérieure de quelque chose qui n'est pas seulement essentiel pour l'Europe, mais est aussi une condition préalable de toute société humaine. Nous devons donc recevoir de l'époque moderne, comme une dimension essentielle et irremplaçable de l'élément européen, la séparation relative entre l'État et l'Église, la liberté de conscience, les droits de l'homme et l'autonomie responsable de la raison. Cependant, pour éviter la radicalisation de ces valeurs, il faudra aussi continuer à fonder la raison sur le respect de Dieu et des valeurs morales fondamentales qui proviennent de la foi chrétienne.

III. THÈSES POUR UNE EUROPE FUTURE

Après ce que nous venons de voir, il apparaît sans doute clairement que toute union politique ou économique réalisée en Europe n'aura pas nécessairement une valeur d'avenir pour l'Europe. Une simple centralisation des compétences économiques ou législatives peut conduire aussi à une décadence accélérée de l'Europe, par exemple si elle aboutissait à une technocratie dont l'unique règle serait l'accroissement de la consommation. Au contraire, ces institutions trouvent leur valeur dans un contexte plus vaste de dépassement du culte de la nation, dans lequel elles sont des éléments d'un ordre de paix, dans une participation commune aux biens de ce monde. Certes, leur principe de base ne devra donc pas être un égoïsme de groupe élargi aux pays riches qui cherchent à se défendre. La richesse commune doit être comprise comme une responsabilité commune envers le monde et, en ce sens, l'Europe doit constituer un système ouvert, y compris dans ses mécanismes économiques. L'idée de domination mondiale et d'annexion des autres continents sous forme de colonies doit être remplacée par celle de société ouverte et de responsabilité mutuelle. À partir des quatre dimensions européennes que j'ai essayé d'ébaucher, il est possible d'expliciter en quatre thèses l'orientation fondamentale que nous venons de dégager de la notion d'Europe.

1. Depuis son origine en Hellade, l'intime relation entre la démocratie et l'eunomie – le droit qui ne peut être manipulé –, est un élément constitutif de l'Europe.

En face de la domination des partis et de la dictature qui est domination de l'arbitraire, l'Europe a toujours pris en considération le règne de la raison et de la liberté qui ne peut survivre qu'en tant que règne du droit. La limitation, le contrôle et la transparence du pouvoir représentent des éléments constitutifs de la communauté européenne. Cela présuppose une protection du droit contre toute manipulation, et c'est là son espace propre et inviolable. Une condition préalable de cet espace est constituée par ce que les Grecs appelaient eunomie, la fondation du droit sur des critères moraux. J'estime donc qu'il est antidémocratique de transformer le slogan *Law and order* en une insulte. Toutes les dictatures ont commencé par diffamer le droit. Il faut aussi approuver Platon lorsqu'il affirme que ce qui est important, ce n'est pas tant un type déterminé de mécanisme de formation de la majorité que la mise en œuvre la plus sûre, compte tenu des possibilités dans chaque cas, du contenu des mécanismes démocratiques, c'est-à-dire du contrôle du pouvoir par le droit, du caractère inviolable du droit en face du pouvoir, et d'une régulation du droit d'après la morale. Quiconque lutte pour l'Europe lutte aussi pour la démocratie, mais dans une relation indissoluble avec l'eunomie, au sens que l'on vient d'indiquer.

2. Si l'eunomie constitue une condition préalable à la viabilité de la démocratie dans son opposition à la tyrannie et à l'ochtocratie, la prémisse fondamentale de l'eunomie sera à son tour le respect commun pour les valeurs morales et pour Dieu, avec les obligations morales qui en découlent pour le droit public.

Je voudrais rappeler cette phrase importante de Bultmann : « Un État non chrétien est possible en principe, mais non un État athée », pour le moins, pas tel qu'il puisse rester longtemps un État de droit. Voilà la raison pour laquelle Dieu ne doit pas être exilé par principe dans le domaine privé mais doit être accepté comme valeur suprême, même dans le domaine public. Cela implique certainement la tolérance et un espace pour les personnes athées et n'a rien à voir, je voudrais insister clairement sur ce point, avec une contrainte de foi. Je veux simplement dire que les choses devraient aller, d'une certaine manière, à l'inverse de l'évolution actuelle : l'athéisme commence à être considéré comme un dogme public fondamental, et la foi est tolérée comme une opinion privée ; or, dans ce sens précisément, on ne la tolère pas dans ses éléments constitutifs. La Rome antique avait déjà offert à la foi une semblable tolérance privée ; le sacrifice à l'empereur devait seulement témoigner que la foi ne représentait aucune exigence publique, tout au moins pas fondamentale.

Je suis convaincu qu'il ne demeurera à la longue aucune possibilité de survie pour l'État fondé sur le droit, si le dogme athée évolue vers sa forme radicale. Il est nécessaire d'effectuer une réflexion de fond sur ce problème de vie ou de mort. De même, j'ose affirmer que la démocratie ne peut fonctionner que si la conscience joue son rôle. Or, cette dernière devient absolument muette quand elle n'est pas orientée vers la mise en œuvre des valeurs morales fondamentales du christianisme, actualisables même sans confessionalisme chrétien, et même dans le contexte d'une religion non chrétienne.

3. Le refus du dogme de l'athéisme comme condition préalable du droit public et de la formation d'un État, et la reconnaissance publique du respect de Dieu comme le fondement de l'éthos et du droit, impliquent que l'on se refuse à considérer la nation ou la révolution mondiale comme *summun bonum*.

Dans l'Histoire, le nationalisme n'a pas seulement porté *de facto* l'Europe au bord de la destruction ; il s'est opposé à ce que l'Europe représente par sa nature, aussi bien spirituellement que politiquement, même si le nationalisme a dominé les dernières décennies de l'histoire de l'Europe. Des institutions politiques, économiques et juridiques supranationales sont donc nécessaires, mais elles ne peuvent avoir pour finalité l'érection d'une super-nation. Elles sont destinées à rendre progressivement aux différentes régions d'Europe leur caractère et leur poids propres, en les renforçant. Les institutions régionales, nationales et supranationales devraient s'harmoniser de sorte que soient exclus aussi bien le centralisme que le particularisme. Par-dessus tout, l'échange ouvert et l'unité dans la pluralité devront être revitalisés en grande partie par des institutions et des forces culturelles et religieuses qui ne soient pas des émanations de l'État.

Avec les universités, les ordres religieux et les conciles, le Moyen Âge a connu des institutions européennes qui constituaient des entités concrètes, non étatiques et, pour cela même, efficaces. Je rappellerai par exemple, que saint Anselme de Canterbury provenait d'Aoste, en Italie, était abbé en Normandie et archevêque en Angleterre, que saint Albert le Grand, originaire d'Allemagne, pouvait enseigner tout aussi bien à Paris qu'à Cologne, et était évêque à Ratisbonne, que saint Thomas d'Aquin a enseigné à Naples, à Paris et à Cologne, et Duns Scot en Angleterre, à Paris et à Cologne, et ce ne sont que quelques exemples. Tout cela devrait revivre de quelque manière ; si ces entités culturelle ne parviennent pas à prendre vigueur comme des réalités non étatiques bien vivantes, les organismes purement étatiques et économiques ne pourront aboutir, à mon avis, à rien de positif. Dans une telle perspective, l'œcuménisme chrétien a aussi une signification européenne. De même que le nationalisme se dresse contre le futur de l'Europe, le marxisme, au moins dans sa forme pure, s'oppose à la nature même de l'Europe. Son refus de l'Histoire, réduite à une simple préhistoire d'un monde encore à créer, ses méthodes et ses fins conduisent à une société tyrannique dans laquelle le droit et l'éthique sont manipulables et la liberté transformée en son contraire.

4. La reconnaissance et la protection de la liberté de conscience, des droits de l'homme, de la liberté de la science et, sur cette base, d'une société humaine libre doivent être des éléments constitutifs de l'Europe.

Il faudra protéger et développer ces conquêtes de l'âge moderne sans tomber dans le travers d'une raison sans transcendance, sans fondements, qui détruit de l'intérieur sa propre liberté. Le chrétien prendra la mesure de la politique européenne en fonction de ces critères et c'est à partir d'eux qu'il accomplira sa mission politique.

Le 27 juillet 1982, l'Académie catholique de Bavière célèbre à Munich le vingt-cinquième anniversaire de sa fondation par les sept diocèses bavarois lors de sa fête annuelle. Le point central de la manifestation fut marqué par la conférence du cardinal Joseph Ratzinger, à l'époque déjà nommé depuis sept mois à Rome préfet pour la Congrégation pour la Doctrine de la foi. Ses réflexions sur la mission d'une académie catholique dépassant largement le cadre de la manifestation s'attachent à préciser les relations qu'entretiennent dialogue-liberté-vérité dans la conception de l'académie. À partir de là, et au vu de l'attribution du prix Romano Guardini à la religieuse carmélite sœur Gemma Hinricher ocd, il élargit le champ de sa réflexion à la question du rapport de l'académie à la vie contemplative et à la signification prééminente de la contemplation chrétienne conçue comme un moyen essentiel d'interpréter le monde.

INTERPRÉTATION –
CONTEMPLATION – ACTION

Réflexions sur la mission
d'une Académie catholique

La remise du prix Romano Guardini est l'occasion pour l'Académie catholique de Bavière, année après année, de se souvenir de ses origines et de sa mission. La figure marquante de Romano Guardini, l'interprète chrétien du monde et du temps, ressurgit devant elle, lui servant de référence et d'orientation. L'expression « interprétation du monde » remet en mémoire le contenu essentiel de sa mission, formulé de la manière suivante dans le programme de 1956 : « La mission de l'Académie catholique se définit globalement comme rencontre de la foi catholique avec le monde actuel dans les diverses manifestations que prennent la connaissance théorique et l'organisation de la vie pratique[1]. » Entre-temps la liste impressionnante des lauréats du prix Guardini est elle-même devenue une exégèse de l'expression même « interprétation du monde » et, par là-même, exégèse des desseins de l'Académie ; elle illustre aussi

---

1. B. Zittel, *Gründungsgeschichte der katholischen Akademie in Bayern* (Munich 1982), Dokument 25, p. 118.

la diversité que peuvent et doivent revêtir les modes d'interprétation eu égard aux dimensions du monde et de l'homme
dont il s'agit ici. La réflexion philosophique et théologique,
la créativité artistique, la contemplation peuvent toutes être
des voies et moyens d'interprétation du monde.

Mais me voilà déjà confronté de manière flagrante au
caractère inépuisable du thème qui m'est échu ce soir ainsi
qu'à l'impossibilité de traiter ce thème d'une manière à peu
près satisfaisante dans le cadre d'un exposé, alors que tant
d'œuvres différentes n'ont pu de leur côté que l'aborder
partiellement à leur manière, avec leurs limites et leurs
richesses. Cela signifie que j'ai la liberté de choisir ; liberté
qui ne peut, en définitive, qu'être arbitraire. Je me laisse
guider sur cette voie par la particularité de l'occasion : par
le souvenir, qu'elle véhicule, par l'actualité et la spécificité
qui la caractérisent. Le souvenir ramène à la fondation de
l'académie il y a 25 ans et à son histoire depuis lors avec son
cortège de questions et d'initiatives qu'elle a pu provoquer.
Comme je ne suis pas chargé ici de faire une étude historique, mais d'examiner l'intention qui préside à l'académie
et les perspectives d'avenir qui s'offrent à elle, les questions
seront plus importantes que les considérations sur les événements survenus. Dès le début, l'idée même d'une académie
catholique et son existence ont soulevé deux objections plus
ou moins fortes suivant les époques, deux objections qui à
maints égards se contredisent mais qui à d'autres se rejoignent. D'un côté, on pouvait se demander si des académies
de ce genre étaient conformes à la mission de l'Église. Ne
seraient-elles pas une manière un peu trop facile de fuir la
foi dans de brillants discours sur la foi, dans cet « abêtisse-
ment de l'esprit dû à un surcroît d'esprit » dont Goethe a
parlé[1] ? Ce qui serait vraiment le plus adapté ne serait-il pas

---

1. *Maximen und Reflexionen.* Kröners Taschenbuchausgabe,
publié chez G. Müller, Nr. 944 ; cité d'après J. Pieper, *Was heißt
akademisch ?* (Munich 1964), p. 47. Cet opuscule, paru d'abord en

un lieu de mise en œuvre : peut-être un lieu de retraite où l'on ne réfléchit pas *à* la foi, mais où *la* foi est pensée, pratiquée et mise en pratique ? C'est bien ici que l'académique s'oppose au contemplatif. Une très ancienne interprétation et une remise en cause de l'académique apparaît ici ; elle date des temps reculés de ce qu'il est convenu d'appeler la moyenne académie, celle donc antérieure à l'époque chrétienne et à laquelle se réfère le titre du traité de saint Augustin *Contre les académiciens*. Se libérer de l'académique était, pour lui, une étape sur la voie qui mène à la conversion concrète au christianisme. C'est dans ces termes que se pose la question de la relation entre la fonction académique et la fonction contemplative, la question de l'espace dévolu à la contemplation dans l'académie et dans son interprétation du monde. L'histoire se transforme en actualité. Les questions des premiers temps ont un lien avec l'événement particulier qui nous occupe ce soir, à savoir la distinction d'une représentante d'un ordre contemplatif, ce qui nous amène à déclarer la contemplation comme le mode essentiel d'interprétation du monde.

Peut-être s'agissait-il, à vrai dire, pour beaucoup de ceux qui considéraient les académies comme des lieux inutiles dévolus à la théorie, moins de contemplation que d'un certain pragmatisme pastoral qui aimerait y voir non pas la réflexion mais concrètement une action débouchant sur des résultats immédiats. Oui, toute ma réflexion ce soir va tendre à démontrer que la prévention du pragmatisme à l'encontre de l'académie n'est surmontée que si l'on reconnaît la contemplation comme étant au cœur de l'accomplissement religieux et que si l'on comprend en même temps que ce qui est authentiquement académique conduit au contemplatif et ne peut

----

1952, me semble aujourd'hui comme hier essentiel en ce qui concerne la question du « fait académique » ; ma conférence s'inspire de cet écrit pour ce qui est de l'orientation essentielle.

perdurer sans ce dernier. Mais, en disant cela, nous sommes allés trop vite ; il faudrait dire d'abord que, dans le pragmatisme, l'apparente objection à la piété rejoint la critique émise sur l'impiété, qui peut être à son tour instrumentalisée des manières les plus diverses. On dira par exemple : qu'est-ce que cela peut bien avoir affaire en soi avec la liberté d'une telle académie ? Ne s'agit-il pas d'un alibi assez creux, et par conséquent plutôt dangereux, de la puissance ecclésiastique, disons de la hiérarchie ecclésiastique qui peut dire à présent : Vous voyez bien que nous voulons un lieu ouvert aux débats, nous l'admettons tout à fait – alors qu'en réalité il ne s'agit que d'un terrain de jeux bien délimité et sans danger, qui produit certes un bel effet, mais qui n'a aucune conséquence ? Là encore, le fond du problème n'est pas le souci de vérité, mais la question de savoir si une telle entreprise a le pouvoir de faire changer les choses. Cela signifie que la question ne se pose pas en termes académiques au sens classique, mais bel et bien en termes pragmatiques – ce en quoi les conceptions du changement auquel on aspire peuvent largement diverger les unes des autres. Une telle critique d'une action visant essentiellement à interpréter, rejoint la question omniprésente depuis Marx, consistant à se demander si, après tout, on n'obtiendrait pas trop peu de résultats en interprétant et si l'on ne ferait pas mieux de transformer le monde – une question que certes Karl Marx a été le premier à formuler de manière si violente et si programmatique, mais qui objectivement date du début de la pensée moderne, lorsque Francis Bacon dans son ouvrage *Novum Organum*, dans cette nouvelle logique du futur, prend ses distances par rapport à la question de la vérité, considérée comme ancienne et dépassée, pour la transformer en une question de capacité et de pouvoir. Le but de la philosophie n'est plus désormais, de comprendre l'être, mais plutôt de nous rendre « maîtres et possesseurs de la terre [1] ». Alors que, auparavant, le terme « contemplation » avait pour contraire le terme « interprétation », il est désormais remplacé par « action ». C'est autour de ces trois mots que mes réflexions vont tourner ce soir. En d'autres termes, il faut se demander comment comprendre l'académie comme lieu de l'interprétation à contre-jour de la contemplation et de l'action.

Ainsi convient-il de se demander : l'académie, la fonction académique, qu'est-ce au juste ? Si l'on considère l'histoire du vocable « académie » et de sa réalité depuis Platon jusqu'à l'époque contemporaine, on voit qu'il ne peut pas y avoir de réponse donnée sur la base, disons, du plus petit commun dénominateur ; ce qui a du sens c'est seulement la question de cette force fondatrice qui a conféré à la fonction académique toujours plus d'importance, à travers le changement des cultures et la succession des puissances, et en a fait cette force caractéristique de la culture occidentale qui peut, et même qui doit, avoir sa place dans une culture mondiale.

La réponse, qui en dernier ressort est très simple, ne peut être développée, me semble-t-il, que par une approche prudente du cœur du sujet, faute de quoi son caractère impénétrable risquerait de rester dissimulé derrière des mots par trop usés.

---

1. Cf. Pieper, dans l'ouvrage déjà cité. L'importance de Bacon dans le bouleversement intellectuel des temps modernes est présentée par M. Kriele, dans *Befreiung und politische Aufklärung* (Herder 1980), pp.78-82 ; cf. aussi R. Spaemann. R. Löw, *Die Frage Wozu ?* (Munich-Zurich 1981) p. 13 ; p. 100 et suivantes.

I. DE QUOI UNE ACADÉMIE EST-ELLE CONSTITUÉE ?

1. *Le dialogue*

Partons donc de la forme extérieure – qui est bien davantage qu'une apparence extérieure. L'académie, telle que Platon l'a conçue et telle que nous aimerions la concevoir aujourd'hui encore, est avant tout un espace de dialogue. Mais qu'est-ce au juste que le dialogue ? Le dialogue ne s'instaure pas du seul fait que l'on se met à parler. Le simple bavardage est la ruine et l'échec du dialogue. Le dialogue ne naît que là où il n'y a pas seulement de la parole, mais aussi de l'écoute, et où, dans l'écoute, s'accomplit la rencontre et, dans la rencontre, la relation et, dans la relation, la compréhension, l'approfondissement et la transformation de l'être. Essayons de saisir, dans toute leur portée, les éléments distincts du processus, qui viennent d'être cités !

Tout d'abord, l'écoute. C'est un processus d'ouverture, de disponibilité à la différence et à l'autre. Imaginons les qualités que possède celui qui est en mesure d'écouter. Ce n'est pas de l'ordre du savoir-faire requis pour se servir d'une machine ; c'est un savoir-être dans lequel la personne est mise, tout entière, à contribution.

Écouter signifie admettre l'autre et le reconnaître, le laisser pénétrer dans l'intimité de son moi, être prêt à assimiler en soi sa parole et, par là, sa façon d'être et, réciproquement, se laisser assimiler par lui. Après l'acte d'écoute je suis un autre, mon moi intime est enrichi et approfondi parce qu'il s'associe à l'être de l'autre et, en cela, à l'être du monde.

Mais, pour cela, la condition préalable est que la parole de l'autre dans ce dialogue ne se borne pas à des sujets de l'ordre du savoir et du savoir-faire, des capacités externes. Lorsque nous parlons de dialogue au sens propre du terme, nous songeons à ce mot dans lequel s'exprime quelque chose de l'être même, de la personne même, de sorte que ce n'est pas seulement la quantité des savoirs et des capacités qui s'en trouve multipliée, mais de sorte que la manière d'être un homme et la capacité à être un homme s'en trouvent purifiées et approfondies.

Mais voilà qu'apparaît une autre dimension du dialogue, de son écoute et de son discours, à laquelle jadis saint Augustin avait attribué une valeur particulière, dont l'histoire de la conversion nous est rapportée par le biais de dialogues avec ses amis ; la petite académie de Cassiciacos s'y est frayée un chemin à tâtons jusqu'au moment où, finalement un mot nouveau, que Platon n'avait pas connu, est apparu au beau milieu de la conversation, et a décidé du tournant de sa vie. En observant rétrospectivement et en analysant cette conversation, saint Augustin en vient à la conclusion que ses amis, en communauté, pouvaient mutuellement s'écouter, se comprendre, parce qu'ils partageaient et écoutaient le même maître intérieur, la vérité[1]. Les êtres humains sont capables de se comprendre mutuellement parce qu'ils ne sont pas comme des îles de l'être nettement séparées les unes des autres, mais parce qu'ils communiquent dans la même vérité. Ils se fréquentent d'autant plus qu'ils approchent ce qui les unit véritablement, la vérité. Le dialogue, sans cette écoute intérieure qui s'adresse à une raison commune, se réduirait à une controverse entre sourds.

C'est là que nous nous heurtons à un état de fait

---

1. Cf. La philosophie du jeune saint Augustin dans l'ouvrage de E. König, *Augustinus philosophus. Christlicher Glaube und philosophisches Denken in den Frühschriften Augustins* (Munich 1970).

qui revêt une importance extraordinaire dans le débat d'aujourd'hui et qui, en même temps, laisse percer clairement le danger pour le dialogue : les êtres humains sont portés au consensus parce qu'ils partagent une vérité commune ; mais le consensus ne doit pas, pour autant, vouloir se présenter comme un substitut à la vérité. Arrêtons-nous à cet endroit, là, au cœur même du problème où nous voici déjà parvenus, afin de prendre en considération une deuxième caractéristique de la fonction académique.

2. La liberté

La liberté appartient d'emblée à l'essence même de l'académique et à ses préoccupations axées sur l'interprétation et sur la compréhension. Dans ce contexte, la liberté signifie essentiellement deux choses : elle est, d'abord, la possibilité de tout penser, de tout interroger, de tout dire, au sujet de tout ce qui paraît, dans la recherche de la vérité, digne d'être pensé, mis en question, exprimé[1]. Jusque-là nous nous mouvons tout à fait ouvertement dans le domaine de ce qui, de nos jours, peut être revendiqué et défendu par tout un chacun, au moins d'un point de vue théorique. Mais il nous faut poser la question suivante : qu'est-ce qui justifie cette liberté, capable d'être si dangereuse selon les circonstances ? Qu'est-ce qui la fonde ? Pour quelle raison court-on ce risque ? – La réponse, la seule qui soit satisfaisante, dit ceci : la vérité même, l'amour de la vérité en elle-même sont si précieux qu'ils justifient cette prise de

---

1. Cf. le paragraphe concernant J. Ratzinger, « Freiheit und Bindung in der Kirche », dans : E. Correco, N. Herzog, A. Scola, *Les droits fondamentaux du chrétien dans l'Église et dans la société* (Fribourg 1981), pp. 37-52.

risque, que sinon personne ne serait en mesure de prendre. Ici, nous nous trouvons désormais, bien sûr, au cœur d'un conflit dramatique, avec toutes les stratégies de changement, en même temps qu'au centre de la question du fondement de notre société. Essayons donc de circonscrire aussi exactement que possible ce point que Josef Pieper – le récipiendaire du prix Guardini de l'an passé (1981) – avait défini comme suit : « Ce qui différencie [la fonction académique], c'est avant tout le fait de ne pas être entravé par de quelconques finalités utilitaires – cette liberté de comportement est à proprement parler la "liberté académique", laquelle, par conséquent, en vient à s'effacer *per definitionem* dès que les sciences ne font plus qu'organiser la simple recherche d'objectifs d'un quelconque conglomérat de puissance[1]. » « On peut certes penser prendre la philosophie à son service ; mais regardez : ce n'est pas la philosophie qu'on prend à son service[2]. »

La question de la liberté est indissociablement liée à la question de la vérité. Là où la vérité ne constitue pas une valeur en soi, une valeur qui, indépendamment des succès, soit digne d'être mise en œuvre et de durer, alors la reconnaissance de celle-ci ne peut être mesurée qu'à l'aune de son utilité. Quand il en est ainsi, elle ne porte plus sa justification en soi, mais dans les buts qu'elle sert. Elle appartient alors au domaine des voies et moyens et cela signifie qu'elle est subordonnée à l'acquisition du pouvoir quelle qu'en soit l'expression. En d'autres termes : si l'être humain devait ne plus pouvoir reconnaître lui-même la vérité, mais seulement l'utilité des choses à telle ou telle fin, alors l'utilisation, active et passive, deviendrait le critère de mesure de tout agisse-

---

1. Cf. ouvrage cité ci-dessus, p. 28.
2. Cf. ouvrage cité ci-dessus, p. 29.

ment et de toute pensée ; alors le monde serait réduit à un « matériau de praxis ». C'est ici que l'option fondamentale, impitoyable et inévitable, apparaît dans toute sa rigueur, cette option qui est devenue le dilemme de l'époque moderne et qui se pose comme la question cruciale de nos jours : en fin de compte, la vérité est-elle accessible au genre humain ? Est-ce que cela vaut la peine de rechercher la vérité ? Est-ce que la quête de la vérité et la reconnaissance de celle-ci comme seule suzeraine de l'être humain, est éventuellement la seule manière de le sauver ? Ou bien vaut-il mieux prendre congé de la vérité, comme cela est proclamé dans la nouvelle logique introduite par Francis Bacon : la véritable libération de l'homme étant celle grâce à laquelle il va s'éveiller du songe de la spéculation pour exercer enfin lui-même son pouvoir sur les choses et devenir « maître et possesseur de la nature » ? Quelle définition de la liberté a-t-elle cours : celle de Giambattista Vico selon qui la liberté ne serait que ce qui a été fait (et, partant de là, ce qui est faisable), ou bien celle du chrétien d'après qui la liberté précède l'agissement[1] ? La liberté, telle qu'elle résulte de la pensée nouvelle issue de Bacon, est la liberté de tout faire et de reconnaître le potentiel de chacun comme seule règle légitime pour l'être humain — une liberté qui, bien entendu, n'avait pas eu cours jusqu'alors et qui trouve son expression de liberté proclamée dans le geste du fils cadet quand il prend en main lui-même son héritage pour se lancer dans l'inconnu. Mais la liberté de tout faire, qui ne voit plus le lien avec la vérité, avec le père, conduit forcément à ce que seuls désormais le fait d'utiliser et d'être utilisé dictent leur loi aux hommes. Elle est en définitive une liberté d'esclaves

---

1. Cf. J. Ratzinger, *Einführung in das Christentum* (Munich 1968), pp. 33-43.

– quand bien même cela ne se révélerait que tardivement, quand bien même il lui faudrait du temps pour être ravalée au rang de nourriture pour les pourceaux, dont elle devrait encore de surcroît envier le sort parce qu'ils échappent à la malédiction de la liberté. Ce point est atteint aux endroits les plus avancés de la pensée intellectuelle moderne, mais la clameur écologiste dirigée contre l'être humain, destructeur de ce qui l'entoure, n'est pas une voie de salut tant qu'il niera l'esprit en même temps que les capacités, parce que l'on ne voit plus l'esprit que comme l'expression de la puissance des capacités, et non plus comme le réceptacle de la vérité. « La vérité vous libérera » (Jn, 8,32) – cette parole du Seigneur, nous pouvons de nos jours la comprendre d'une manière toute nouvelle dans son exigence absolue et dans toute son importance. La liberté de l'agissement et la liberté de la vérité sont devenues les deux branches de l'alternative actuelle. Mais la liberté de l'agissement, cessant d'être entravée par la vérité, tourne à la dictature des finalités dans un monde dépourvu de vérité et, par là, à l'esclavage de l'être humain sous l'apparence de sa libération. Ce n'est que si la vérité a cours pour elle-même et ce n'est que si le fait de la regarder en face vaut davantage que tous les succès, que nous sommes alors libres. Et c'est pourquoi seule la liberté de la vérité est la véritable liberté.

3. Au cœur de la question : la vérité comme fondement et mesure de la liberté

Nous voici ainsi parvenus au cœur même de nos réflexions. La liberté de l'académie est la liberté d'accéder à la vérité et sa justification est d'être là pour celle-ci sans avoir à se préoccuper des buts atteints. L'épouse de

Loth qui regarde en arrière est figée en statue de sel ; Orphée qui s'élève vers la lumière perd tout lorsqu'il recherche le succès[1]. Nous allons devoir revenir sur ces faits lorsque nous aborderons le thème de la contemplation. Le point où se rejoignent l'académique et le contemplatif, le platonicien et le chrétien, devient alors ici évident.

Mais, tout d'abord, nous devons essayer de cerner aussi précisément que possible cette pensée de manière à prendre clairement en compte son exigence et ses conséquences. Il me paraît caractéristique que Romano Guardini l'ait formulée en liaison avec la question juive, avec la clarté et la sévérité qui lui sont propres. Ce n'est pas un hasard ; car ici, durant les jours de terreur du Troisième Reich, tout ce qu'avait de destructeur la collusion de la raison, de la machine et de la politique est parvenu à son expression la plus nette. Ce que la raison peut devenir, lorsqu'en son sein la finalité et la capacité à faire ont été élevées au rang de divinité unique, était devenu une évidence ici, et de ce fait, il était aussi évident que seul le maintien en vigueur de la vérité et son intangibilité sont salvatrices. Ce que Guardini a dit jadis au sujet de l'Université doit aussi être précisément la définition la plus sérieuse d'une académie : « Si l'Université doit avoir une ambition intellectuelle, alors que ce soit celle d'être le lieu où l'on interroge la vérité, la vérité pure, non pas celle qui sert un but, mais celle qui existe en soi : c'est pour cela qu'elle est la vérité[2]. » C'est cette même idée que l'évêque Dietzfelbinger a formulée lors de l'attribution du prix Romano Guardini. Il a, à cette occasion, fait référence à la transformation de la question de la liberté en une question de valeurs et il a rappelé

---

1. Cette image chez Pieper, p. 69, faisant suite à K. Weiß.

2. R. Guardini, *Verantwortung. Gedanken zur jüdischen Frage* (Munich 1952).

que les idées du national-socialisme naissant ou celles d'Herbert Marcuse ont d'abord fait l'effet de « valeurs » sensées et libératrices et ont, de ce fait, trouvé leur légitimation. La phrase de Carl Friedrich von Weizsäcker, citée jadis, mérite d'être rappelée : « Je soutiens que ce n'est pas une société recherchant le bonheur, mais une société recherchant la vérité, qui peut progresser sur le long terme[1]. »

Mais cela signifie, précisément si nous songeons au contexte dans lequel Guardini s'exprima, que la plus grande défense de l'être humain et la meilleur défense et purification du monde, s'opèrent là où le règne du dogme du changement et surtout du dogme de la faisabilité se heurtent à une résistance, là où le droit à la vérité est maintenu pour lui-même. Car le cheminement de l'homme vers la vérité est en même temps une part du cheminement du monde vers la vérité et, si l'être humain devient vérité, il devient bon et à son tour le monde devient bon. Thomas d'Aquin, on le sait, a défini la vérité comme l'ajustement de l'esprit à la réalité. L'insuffisance de cette définition a été soulignée de manière très nette, avant tout, par la philosophie personnaliste de l'entre-deux-guerres et de l'après-guerre[2]. Certes, cette formulation n'englobe pas tout, mais l'essentiel y transparaît clairement : percevoir la vérité est un processus qui rend l'homme conforme à son essence. C'est s'unir au monde, c'est trouver l'harmonie, c'est recevoir et être purifié. Dans la mesure où les êtres humains se laissent guider et purifier par la vérité, ils n'accèdent pas unique-

---

1. H. Dietzfelbinger, « Dimensionen der Wahrheit », dans : *Katholische Akademie in Bayern, Chronik 1980/81*, pp. 148-156, citation : p. 150.

2. Cf. L.B. Puntel, « Wahrheit », dans : H. Krings. H.M. Baumgartner. Chr. Wild, *Handbuch philosophischer Grundbegriffe III* (Munich 1974), pp. 1649-1668.

ment à leur vérité propre mais aussi à celle de l'autre. Car la vérité est leur lieu de rencontre et l'absence de vérité est ce qui les ferme les uns aux autres. L'aspiration à la vérité signifie par conséquent la dépendance ; si elle libère du repli sur soi, de la folie de l'autarcie, si elle rend l'être humain obéissant et lui donne le courage de l'humilité, cela signifie aussi qu'elle enseigne à distinguer la parodie de la liberté dans laquelle la faisabilité se tapit, et la parodie du dialogue tel qu'est le bavardage effréné, qu'elle dépasse la confusion répandue entre absence de contrainte et liberté, et qu'elle est fructueuse précisément en ceci qu'elle est aimée sans retour.

Avec ces réflexions nous sommes armés pour effectuer le dernier pas. Il nous faut encore poser la question de Ponce Pilate : Qu'est-ce que la vérité, au juste ? – mais certes d'une manière différente de celle dont Pilate l'a posée. Hermann Dietzfelbinger a fait remarquer, il y a deux ans, que le caractère affligeant de la question de Pilate tient au fait qu'elle n'est pas en réalité une question, mais une réponse. En effet, à celui qui arrive avec son exigence de vérité, il dit ceci : laisse de côté ce discours – qu'est-ce donc que la vérité ? Tournons-nous plutôt vers le concret. C'est sous cette forme que de nos jours encore est posée la plupart du temps la question de Pilate. Mais il nous faut maintenant l'aborder avec le plus grand sérieux : d'où vient que ce qui est vrai passe pour être ce qui est bon, que la vérité soit jugée bonne, que la vérité soit même considérée comme le bien ? D'où vient que la vérité ait une valeur en soi, sans devoir se justifier par des buts ? Tout cela n'a de valeur que si la vérité recèle en elle sa dignité, si elle existe par elle-même, et si elle a plus d'être que toute autre chose ; et donc si elle est elle-même le fondement sur lequel je m'appuie. Si l'on examine au fond l'essence de la vérité, on aboutit alors au concept de Dieu. On ne peut saisir à long terme l'être soi-même, la dignité de la vérité dont dépend la dignité de l'homme et du monde, si l'on n'apprend pas à y lire l'être soi-même et la dignité du Dieu vivant.

C'est pourquoi le respect de la vérité est, en définitive, inséparable de l'idée de vénération que nous appelons l'adoration. La vérité et le culte sont liés indissociablement l'un à l'autre – l'un ne peut progresser sans l'autre, alors qu'ils ont été séparés l'un de l'autre si souvent dans l'histoire.

4. Le culte

Nous voici ainsi parvenus au dernier point de ce qui constitue notre étude de l'académique et de sa *theoria*. Le fait que le vocable « académie » ait été, à l'origine, le nom d'un faubourg où se dressait un temple, avant même que Platon y fonde son école, peut paraître, de prime abord, assez extérieur à l'histoire de la nouvelle institution. En y regardant de plus près, il se révèle un rapport plus étroit qui n'a pas été sans importance pour son fondateur. Car l'académie de Platon a été, juridiquement parlant, une association cultuelle. La vénération cultuelle des Muses a composé une partie substantielle de la vie dans son enceinte ; la fonction de sacrificateur y trouvait sa place[1]. C'est bien plus qu'un simple hasard : une concession, en quelque sorte, aux structures sociologiques d'autrefois. La liberté qui sert la vérité et la liberté que donne la vérité ne peuvent pas exister, en définitive, sans que soit reconnu et vénéré le divin. La liberté par rapport au devoir d'utilité ne peut être fondée

---

1. Cf. Pieper dans l'ouvrage cité plus haut ; cf. H. Meinhardt, « Akademie », dans : J. Ritter (éditeur), *Historisches Wörterbuch der Philosophie I* (Bâle-Stuttgart 1971), pp. 122-124.

et ne peut subsister que s'il y a éradication de l'utilisation et de l'appropriation de l'être humain, et s'il existe, porté à son plus haut niveau, le droit de propriété et l'exigence inviolable du divin. Comme le dit Pieper en se référant à Platon, « la liberté de la *theoria* est désarmée et sans défense – à moins qu'elle ne se mette sous la protection des dieux [1] ». La liberté vis-à-vis de l'utilité, l'exonération des objectifs du pouvoir, trouvent leur caution la plus profonde dans les réserves formulées par celui qui n'est subordonné à aucune puissance humaine : dans la liberté que Dieu a vis-à-vis du monde et qu'il lui donne. La liberté de la vérité ne se retrouve pas entièrement par l'effet du hasard chez Platon, qui a été le premier à la formuler philosophiquement, mais essentiellement dans le contexte de la vénération, dans le contexte du culte. Là où cesse le culte s'arrête cette liberté. Le culte, bien sûr, n'existe plus, là où ses formes, quoique subsistantes, se sont transformées en simples comportements symboliques sociaux. Mais tout cela signifie que la pseudo-liberté, anarchique, reste partout à l'œuvre là où les fondements de l'adoration, où le lien avec la vérité et avec l'exigence de celle-ci, sont niés. De nos jours, ces libertés de contrebande sont prédominantes et elles sont la véritable menace pour la vérité authentique. Éclairer le concept de liberté relève aujourd'hui des tâches primordiales s'il nous importe de sauver l'homme et le monde.

---

1. *Ibid.*, p. 36.

II. LA CONTEMPLATION CHRÉTIENNE

Avec cette analyse du fait académique, de ce qui est interprétable, par contraste avec ce qui relève de l'activisme, du pragmatique, nous voici parvenus déjà au cœur de l'étude de notre troisième concept, au cœur du contemplatif. Avant de passer à la suite de ces réflexions qui aura donc pour objet le contemplatif, je me sens contraint par le caractère particulier de cette soirée à faire une petite parenthèse sur l'histoire de l'académie. L'académie de Platon fut, comme on le sait, dissoute par l'empereur Justinien en l'an 529 de notre ère parce qu'elle avait professé jusqu'au bout le lien indéfectible entre le culte des dieux et la philosophie, ce qui, dans un monde devenu chrétien, en avait fait un corps étranger. Mais, un bon siècle plus tôt, l'empereur Théodose II avait institué une académie chrétienne qu'il avait chargée d'introduire les pratiques cultuelles dans le christianisme, et cette académie se voyait désormais comme la meilleure héritière de Platon. Le chemin qui part de cette académie mène directement à l'université d'empire fondée par l'empereur Constantin Monomaque qui fut ainsi la condition préalable à la création de la première université occidentale. J'ai dit que l'empereur Théodose avait fondé la première université ; mais ce n'est pas tout à fait exact. La véritable fondatrice fut une femme, son épouse Eudoxie, qui était la fille du recteur de l'académie platonicienne, Plutarque d'Athènes, et qui devait se sentir, à juste titre, héritière de la grande tradition de la philosophie grecque. Son poème sur Cyprien d'Antioche le Mage allait être la source du conte médiéval de Faust. Beaucoup de choses se rejoignent là, et notamment le contemplatif, car cette femme a marqué de sa plus profonde empreinte la rencontre avec le monachisme de son temps[1].

Mais venons-en à notre sujet. Tandis que la femme jouait tout juste un rôle dans la théologie scolastique médiévale, elle occupe une place importante dans la théologie mystique. Cela tient sûrement tout d'abord au fait que la scolastique et la mystique ont chacune leur contexte sociologique : pour l'une l'école, pour l'autre le cloître, le monastère formant une communauté des choses divines et humaines. Sainte Thérèse d'Avila, qui est particulièrement présente à notre esprit en cette année et en cette soirée, est l'héritière de telles traditions ; elle les incarne d'une manière unique en son genre qu'on appelle la contemplation chrétienne, que peut-être seule une femme était apte à incarner de manière aussi pure. À cet endroit, bien sûr, surgissent aussitôt quantité de questions. Vu de l'extérieur on peut se demander : cette vie mystique n'était-elle pas à bien des égards un divertissement futile, une sorte de vie de substitution en correspondance avec la conception des choses publiques ? Vu de l'intérieur, on peut aussi objecter que la contemplation passerait à côté de ce qui fait le propre du fait chrétien. Ici, l'on abandonnerait l'histoire du salut, le Dieu agissant dans l'Histoire et appelant à l'action, en les considérant comme des degrés élémentaires ; en définitive, il ne s'agirait plus du Christ, l'homme demeure dans l'éternité, mais plutôt du dépassement de l'Histoire et de la condition humaine pour en arriver à la vision statique d'un infini qui ne s'inscrit pas dans l'Histoire. En vérité, seul celui qui méconnaît absolument la contemplation, pourrait s'exprimer ainsi car le mystère de l'incarnation et le mystère pascal sont,

---

1. Cf. Pieper, dans l'ouvrage cité plus haut, p. 83 et suivantes ; H. Homeyer, « Eudokia. Athenais », dans LThK III 1170.

à tous les niveaux, au cœur de la piété de sainte Thérèse. Mais il n'est plus temps de parler de cela ; en outre, il en est un parmi nous qui pourrait le faire mieux que moi. Je voudrais simplement encore montrer brièvement que les éléments de structure qui forment les fondements de ce qui est la fonction académique, de ce qui est la fonction interprétative, que nous venons d'évoquer sont en même temps aussi des éléments de structure de la contemplation vue par sainte Thérèse. C'est ainsi qu'on peut expliquer clairement le renvoi que la fonction académique opère vers la fonction contemplative et l'ouverture de la démarche contemplative à l'authentique démarche académique ainsi que leur signification respective pour le pouvoir-être de l'être-homme, pour le juste maintien du monde ; tout cela réuni peut donc ensuite composer une exégèse du programme de l'académie mentionné en entrée et une interprétation de son cheminement passé et actuel[1].

1. *Le caractère dialogique*

Chez sainte Thérèse, la forme verbale du dialogue est devenue manière d'être et de vivre, parce que la vie dans son élan est devenue prière, dialogue avec Celui « dont nous savons qu'Il nous aime[2] ». Sa conversion consiste

---

1. Concernant l'étude suivante de la mystique de sainte Thérèse, je m'appuie largement sur le travail très éclairant de U.M. Schiffers, « Der Unsinn einer Flucht vor Gott. Ermutigung des Sünders zum inneren Gebet », dans : *Christliche Innerlichkeit* 17 (1982), pp. 111-132.

2. La vie de Sainte Thérèse VII 5 ; édition allemande de P. Alkofer : *Sämtliche Schriften der heiligen Theresia von Jesu I : Leben von ihr selbst geschrieben* (Munich 1979), p. 88 : « De mon point de vue, la prière dite dans son for intérieur n'est rien d'autre qu'une relation amicale, l'occasion de nous entretenir régulièrement

en définitive en ceci qu'elle se trouve désormais « libérée de la conversation considérée comme bavardage avec le monde et sur le monde, et qu'elle peut mener dorénavant une conversation authentique et essentielle avec Dieu, sur Dieu, sur soi, sur les hommes et leur monde du point de vue et dans la perspective de Dieu lui-même[1] ». Cet état de conversation, le plus intense qui soit, qui peut devenir une forme de l'être valide pour l'homme parce qu'il est lui-même la forme de l'être du Dieu trinitaire, débouche aussi à nouveau sur la conversation avec les hommes. Le bavardage que nous rencontrons si souvent est bien sûr la plupart du temps un jeu subtil de cache-cache ; nous discourons sur toutes sortes de choses afin d'éviter de nous impliquer nous-mêmes. La plus grande part de ce que sainte Thérèse a écrit n'a pas seulement été, d'un point de vue strictement littéraire, conçu pour de futurs lecteurs inconnus, elle s'adresse aussi à des personnes très concrètes, et cette démarche provient du discours qu'elle adresse à Dieu, conduit à s'adresser à Lui et aboutit souvent sans prévenir à s'entretenir avec Lui, si bien qu'un exégète a pu dire : « Les écrits de sainte Thérèse sont des discours écrits et vivants avec Dieu et avec les hommes[2]. » Là où, comme chez sainte Thérèse, l'être d'une personne n'est pas seulement profondément ouvert, mais s'exprime dans une démarche constante d'ouverture envers l'ami présent, alors là, il y a démarche dialogique au sens propre. Même en l'absence de mots, cette vie est réception du discours et réponse au discours. La contemplation est le dialogue avec la vérité et elle confère au dialogue le souffle de la vérité.

---

en secret avec Celui dont nous savons, qu'Il nous aime. » cf. Schiffers, dans l'ouvrage cité plus haut, p. 116.

1. Schifflers, ouvrage déjà cité, p. 116.
2. *Ibid.*, p 115.

2. La liberté

Mais c'est là que s'accomplit la liberté. Nous connaissons de nos jours une forme de méditation dans laquelle la religion tend à devenir une drogue. Il ne s'agit pas d'une réponse à la vérité, mais de la libération du poids et de la misère de l'existence individuelle. Il ne s'agit pas de se soustraire aux désagréments et au poids de la réalité quotidienne mais d'apercevoir le lustre du néant et de vivre le dépassement de soi-même dans l'irréel. Bien que le but d'une telle religiosité soit en apparence la dissolution du moi, la libération du moi, elle n'en est pas moins repli sur soi au plus haut point. Elle n'est pas exploration de l'exigence d'une relation, mais plutôt laisser-aller du déploiement de soi dans la jouissance de l'infini. Les avertissements de Karl Barth, selon qui la religion pourrait en arriver à devenir l'exact contraire de la foi, gagnent aujourd'hui en actualité. La fuite devant la croyance dans la religion est un trait intellectuel caractéristique du temps présent : la vérité est trop lourde à porter, même quand elle est accessible ; nous voulons bien néanmoins ressentir sentir son parfum exquis. Ici les rapports se sont inversés : Orphée commence par regarder autour de lui, avant même de retourner au monde des enfers. La contemplation juste de même que la théorie juste recherchent la vérité, sans calculer le profit à en tirer ; tandis qu'ici on recherche une forme agréable, sans vouloir s'encombrer des désagréments que procure la vérité. C'est aussi une des parodies de la liberté auxquelles nous devons nous confronter. Car ce simulacre de libération ne nous conduit qu'à des faux-semblants, et le faux-semblant n'est pas la liberté. La liberté de sainte Thérèse – cette liberté de qui se jette à corps perdu dans le dialogue de l'amour et qui en fait le *logos* de sa vie – ressemble à autre chose. La liberté se révèle chez sainte Thérèse dans les deux interrogations fondamentales du siècle qui est le sien : la question de la certitude du salut et la question des œuvres. Comparer la réponse donnée par sainte Thérèse à celle donnée par Luther serait une entreprise difficile relevant de l'herméneutique, à laquelle je n'entends pas, ici, me hasarder[1]. Je vais donc exposer simplement les réponses de sainte Thérèse telles qu'elle les a données. Pour elle, cette façon de regarder autour de soi en se cherchant soi-même revient à vouloir acquérir la certitude susceptible d'objectivisation que l'on sera sauvé ; cette attitude conduit à détruire la relation sur laquelle précisément le Salut s'édifie. Le salut n'advient qu'au moment où je ne m'interroge plus sur moi-même et, au moment où, m'oubliant moi-même, je reste dans l'accomplissement de la rencontre. La position de sainte Thérèse sur cette question se trouve résumée dans les deux phrases suivantes tirées de son œuvre : « L'implorer que nous ne Lui fassions pas injure est l'assurance la plus fiable que nous puissions posséder[2]. » Notre assurance se situe dans le regard que nous élevons vers Lui et dans notre confiance en Lui, dans l'abandon de nous-mêmes. À partir de là, on peut énoncer la deuxième idée de sainte Thérèse : « D'après mon expérience, il est, compte tenu de la constitution de notre nature, impossible d'entreprendre courageusement de grandes choses si l'on ne reconnaît pas que l'on est le *favoricedo* de Dieu. » que l'on pourrait transcrire en disant que Dieu aime celui qui est dans ses

---

1. Cf. à ce sujet J. Moltmann, *Die Wendung zur Christusmystik bei Teresa von Avila.* Ou : « Teresa von Avila und Martin Luther », dans StdT 107 (1982), pp. 449-463. Le sujet demanderait sans doute plus d'éclaircissements.

2. *Die Seelenburg ; Schriften*, édité par P. Alkofer V (Munich 1973), p. 223 : 7. Wohnung, Chap. 4, Nr. 3 ; Schiffers, p. 123.

bonnes grâces, qui est en état de grâce[1]. Cette certitude tranquille de pouvoir être aimé, de pouvoir être accepté, qui vient du regard qu'on a élevé vers Lui – cela n'a rien à voir avec une fausse certitude, mais cela a tout à voir avec la liberté, celle qui donne le courage d'agir et de souffrir. C'est ainsi qu'apparaît l'absence totale de quiétisme dans le caractère d'une telle contemplation. Ce caractère se reconnaît avec encore plus de netteté lorsque Sainte Thérèse, dans un autre passage, dit : « C'est à cela, mes sœurs, que sert la prière, c'est la vocation de cette union religieuse, à savoir qu'elle engendre continuellement des œuvres, des œuvres[2]. » À l'évidence, il ne s'agit pas ici d'une piété laborieuse, anxieuse et soucieuse d'elle-même. Elle refuse un type de méditation qui est une fuite de soi et qui est centrée sur soi : une méditation qui abandonne le monde à sa propre misère et qui se satisfait d'avoir trouvé soi-même le moyen d'y échapper. Regarder celui qui nous a aimés jusqu'à la folie ne conduit pas à ce genre d'égoïsme du salut, mais pousse au contraire à agir et fait de l'action l'expression de la liberté du moi, liberté engendrée par la rencontre avec la vérité et avec la force rédemptrice de ses bienfaits.

3. La vérité

Avec tout ce que nous venons de dire, il est apparu clairement que la mystique de sainte Thérèse est dialogique, qu'elle se rapporte à la vérité et qu'elle ne peut délaisser ce dialogue à aucun moment. Ce qui est nouveau et qui n'avait pas été compris auparavant, c'est que désormais la vérité se révèle amour – de même que chez

---

1. Leben X 6, Alkofer I p. 102 ; Schiffers, p. 123.
2. Seelenburg 7. Wohnung, Chap. 4, Nr. 6, Alkofer V, p. 224 ; Schiffers, p. 122.

saint Augustin, les deux se confondaient dans la découverte que le *logos* n'est rien d'autre que le Christ crucifié, de telle sorte que la vérité, l'amour et l'éternité fusionnaient en une seule entité[1]. La foi, qui est devenue dialogue par le biais de la contemplation, n'est plus considérée comme une approbation formelle d'une foule de sentences. Elle perd toute son extériorité. Mais elle ne perd pas son contenu ; elle ne s'évapore pas dans le flou d'expériences individuelles. L'exigence et, en même temps, le secours d'un tel renvoi à ce Dieu, qui demeure face à moi et qui s'adresse à moi d'une manière toute particulière, se manifeste dans une phrase traduisant toute la foi de cette femme, sainte Thérèse, tout le poids et la grâce d'une vie : « Ô infinie bonté de mon Dieu !... Comme c'est vrai : celui qui supporte Ta proximité immédiate, Tu le supportes[2] ! » Supporter la vérité, supporter Dieu – que cela peut être difficile ! Mais, en dernier ressort, la vérité nous porte parce qu'elle n'est pas quelque chose de neutre, mais parce que nous la rencontrons dans Celui qui a porté notre fardeau à tous.

4. *Le culte*

En définitive, cette orientation dialogique vers la vérité libératrice, que nous avons reconnue comme le cœur de la contemplation vécue par sainte Thérèse, prend sa forme concrète dans sa conception du souvenir et de la gratitude. Seul le souvenir crée dans l'homme à titre individuel le contexte nécessaire à une histoire spirituelle et lui permet de faire de la grande histoire sa propre histoire. C'est avant tout le souvenir qui permet

---

1. Conf. VII 10, 16.
2. Leben VIII 6, Alkofer I, p. 89 ; Schiffers, p. 124.

de comprendre, rend reconnaissant et conduit à l'amour [1]. Tout cela ne peut plus être développé ici. Mais ce qui est clair de toute façon, c'est qu'avec la conception du souvenir et de la gratitude, nous avons touché au cœur même du culte chrétien, qui au plus profond de lui-même n'est rien d'autre que l'acte de se souvenir avec gratitude. Cela nous renvoie à Platon et nous permet de prendre conscience de la profondeur de son propos quand il dit que le sens ultime de tout culte est la préservation de l'amour. Le culte est à l'origine de la contemplation ; mais le culte a besoin de la contemplation s'il ne veut pas se figer en simple rituel. Et ce n'est que dans cette configuration que s'opérera cette guérison de l'homme, qui n'est ni fuite ni violence, mais émergence du salut que nous attendons tous. La contemplation est la condition préalable de l'action véritable.

Et pour finir il ne me reste plus, au lieu de me lancer dans des circonlocutions compliquées, qu'à souhaiter à l'Académie catholique de Bavière, en ce jour, le jour anniversaire de sa fondation, qu'elle continue d'être un lieu où se rencontrent les Muses, un lieu de dialogue, un espace de liberté issue de la vérité et en quête de la vérité – tout cela porté par la pieuse glorification de Celui qui est, à la fois, amour salvateur et vérité libératrice : Jésus Christ, notre Seigneur.

---

1. Très belles explications à ce sujet chez Schiffers, dans l'ouvrage cité plus haut, pp. 127-131.

Le 19 janvier 2004, l'Académie catholique de Bavière invitait le philosophe Jürgen Habermas et le cardinal Joseph Ratzinger à réfléchir en comité restreint sur les « fondements moraux prépolitiques d'un État libéral ». En l'espace de quelques jours, cette rencontre attirait l'attention internationale jusque dans le monde islamique. Deux représentants majeurs de courants de pensée radicalement opposés à l'un des philosophes les plus renommés et les plus influents dans le monde actuel, porte-parole de la pensée libérale et laïque, et un théologien comptant parmi les plus éminents de l'Église, le Préfet pour la Congrégation de la Foi – dialoguent ici et réfléchissent ensemble sur les fondements de la cohabitation des hommes.

LES FONDEMENTS PRÉPOLITIQUES DE L'ÉTAT DÉMOCRATIQUE

Le rythme de l'histoire s'accélère, et nous voyons surtout émerger, me semble-t-il, deux signes d'une évolution qui, auparavant, ne s'affirmait que lentement. D'un côté, se constitue une société mondiale où les puissances[1] singulières – politiques, économiques, culturelles – sont de plus en plus renvoyées les unes aux autres, où leurs divers espaces vécus se touchent et s'interpénètrent mutuellement. L'autre aspect est le développement des possibilités de l'homme, d'une puissance de faire et de détruire qui pose, bien au-delà de ce à quoi on était accoutumé, la question du contrôle juridique et éthique de cette puissance. Il est donc urgent de savoir comment les cultures qui se rencontrent peuvent trouver des fondements éthiques pour guider leur être-ensemble sur la bonne voie et élaborer une forme de maîtrise et de régulation de cette puissance.

---

1. « Puissance » : *Macht,* qu'on peut aussi traduire par « force ». Dans la suite du texte, le cardinal Ratzinger emploie deux autres termes pour « force » : *Kraft* et *Stärke.* Ce sont des quasi-synonymes, mais qui n'ont pas la même valeur d'usage en allemand (NDT).

Que le projet d'« ethos [1] mondial » de Hans Küng rencontre un tel assentiment montre en tout cas que la question est posée. C'est un fait, même si l'on admet la critique lucide dirigée par Robert Spaemann contre ce projet [2]. En effet, aux deux facteurs mentionnés s'ajoute un troisième : dans le processus de rencontre et d'interpénétration des cultures, les certitudes éthiques qui portaient les hommes jusqu'à présent sont fortement entamées. La question de savoir ce qui est à proprement parler, surtout dans le contexte évoqué, le Bien et pourquoi il faut l'accomplir, y compris à son propre détriment – cette question fondamentale se pose et n'a pratiquement pas de réponse. Il me paraît cependant évident que la science comme telle ne saurait apporter un ethos, que par conséquent une conscience éthique renouvelée ne se constitue pas comme un produit né de débats scientifiques.

D'un autre côté, il est néanmoins indéniable que la transformation profonde du monde et de l'image du monde, transformation née des connaissances scientifiques accrues, a contribué de manière décisive à l'effondrement de toutes les certitudes morales. C'est pourquoi il existe malgré tout une responsabilité de la science pour l'homme en tant qu'homme, et plus encore une responsabilité de la philosophie pour accompagner de manière critique le développement des sciences particulières, pour proposer un éclairage critique sur des conclusions prématurées et des certitudes illusoires sur ce qu'est l'homme, sur son origine et sur le but de son existence. Ou encore, en d'autres mots, pour dégager dans les

---

1. « Ethos » : un mot de plus eu plus courant en allemand et importé de plus en plus souvent en français. On pourrait le définir comme un « ensemble de principes éthiques » (NDT).

2. Robert Spaemann. « Weltethos als "Projekt" » [L'ethos mondial comme « projet »], dans *Merkur*, n° 570-571, p. 893-904.

résultats de la science l'élément non scientifique souvent confondu avec eux, et tourner ainsi le regard vers l'ensemble, vers les autres dimensions de la réalité humaine dont la science ne montre jamais que des aspects partiels.

I. FORCE ET DROIT

Concrètement, le devoir de la politique consiste à placer la force sous le contrôle du droit, et à régler ainsi son usage sensé. Non pas le droit du plus fort, mais la force du droit doit prévaloir. La force dans l'ordre et au service du droit, voilà le contrepoint à la violence, que nous comprenons comme une force sans le droit et opposée au droit. C'est pourquoi il est important pour toute société de surmonter le soupçon à l'égard du droit et de ses régulations, car ainsi seulement sera banni l'arbitraire et sera vécue la liberté comme liberté partagée par tous. La liberté sans le droit, c'est l'anarchie et donc la destruction de la liberté. Le soupçon contre le droit, la révolte contre le droit surgiront toujours là où le droit lui-même n'apparaît plus comme l'expression d'une justice au service de tous, mais comme le produit de l'arbitraire, comme la prétention de ceux qui possèdent la force à posséder le droit.

Le devoir de placer la force sous le contrôle du droit renvoie du coup à la question suivante : comment le droit naît-il, et de quelle nature doit être le droit pour être le véhicule de la justice et non le privilège de ceux qui possèdent la capacité d'établir le droit ? Se pose, d'un côté, la question du devenir du droit, mais de l'autre également la question de ses critères internes. Que le droit doive être non l'instrument de la force de quelques-uns, mais l'expression de l'intérêt commun à tous, ce problème semble, du moins pour le premier point, résolu grâce aux outils de formation de la volonté démocratique, puisque tous y contribuent à la naissance du droit : pour cette raison c'est le droit de tous et, à ce titre, il peut et doit être observé. Dans les faits, la garantie de la contribution commune à l'élaboration du droit et à la juste gestion de la force est la raison essentielle qui parle en faveur de la démocratie comme étant la forme d'ordre politique la plus appropriée.

Malgré tout, une question demeure à mon sens. Comme l'unanimité règne difficilement entre les hommes, il ne reste à la formation de la volonté démocratique, comme instrument indispensable, que la délégation d'une part, la décision de la majorité de l'autre : selon l'importance de la question à traiter, des ordres de grandeur divers peuvent être exigés pour la majorité. Mais des majorités aussi peuvent être aveugles ou injustes. L'Histoire ne le montre que trop. Quand une majorité, si forte soit-elle, opprime une minorité, par exemple religieuse ou raciale, peut-on encore parler de justice ou de droit en général ? C'est ainsi qu'avec le principe majoritaire subsiste toujours la question des fondements éthiques du droit, la question de savoir s'il n'existe pas quelque chose qui ne pourra jamais devenir du droit, donc ce qui toujours reste en soi du non-droit ou, à l'inverse, ce qui de par son essence est indéfectiblement un droit précédant toute décision de la majorité et un droit qu'elle doit respecter.

La modernité a formulé un tel contenu d'éléments normatifs dans les différentes déclarations des droits de l'homme et retiré ainsi ces éléments au jeu des majorités. On préfère, dans les mentalités actuelles, s'en tenir à l'évidence interne de ces valeurs. Mais une telle autolimitation du questionnement a elle aussi un caractère philosophique. Il y a donc des valeurs tenant par elles-mêmes, issues de l'essence de l'humain et donc inviolables par tous ceux qui possèdent cette essence. Nous reviendrons plus loin sur la portée d'une telle idée, d'autant plus que cette évidence n'est nullement reconnue aujourd'hui dans toutes les cultures. L'islam par exemple a ainsi défini sa propre liste des droits de l'homme, divergente par rapport à celle de l'Occident. La Chine est certes marquée aujourd'hui par une forme de culture née en Occident, le marxisme, mais, autant que je sache, elle pose la question : avec les droits de l'homme, n'a-t-on pas affaire à une invention typiquement occidentale, qui doit être questionnée sur ses présupposés ?

II. FORMES NOUVELLES DE LA FORCE ET QUESTIONS NEUVES SUR LA FAÇON DE LA MAÎTRISER

Quand il y va des rapports entre force et droit et des sources du droit, il faut aussi prendre en considération plus précisément le phénomène de la force. Je ne vais pas tenter de définir comme telle l'essence de la force, mais esquisser les exigences nées des nouvelles formes qu'a prises la force dans la seconde moitié du siècle dernier.

Durant la première période de l'époque qui a suivi la Seconde Guerre mondiale, a dominé l'épouvante devant la nouvelle puissance de destruction dont l'homme s'était rendu capable avec la découverte de la bombe atomique. L'homme se découvrit subitement capable de se détruire lui-même et sa terre. On posa la question : quels mécanismes politiques sont nécessaires pour éloigner cette destruction ? Comment trouver ces mécanismes et les rendre efficaces ? Comment mobiliser des forces éthiques qui structurent ces formes politiques et leur confèrent de l'efficacité ? *De facto* ce furent ensuite, pendant une longue période, la concurrence des deux Blocs opposés et la peur de provoquer, avec la destruction de l'autre, sa propre destruction qui nous préservèrent de l'horreur de la guerre atomique. La limitation, de part et d'autre, de la force et la crainte pour sa propre survie se trouvèrent être les forces pour s'en sortir.

Depuis ce temps, ce n'est plus tant la peur de la Grande Guerre qui nous effraie que le terrorisme au quotidien ; celui-ci est capable de frapper efficacement partout. Et nous le voyons désormais : l'humanité n'a nul besoin de la Grande Guerre pour rendre le monde invivable. Les forces anonymes de la terreur qui peuvent sévir partout sont assez puissantes pour nous faire souffrir tous jusque dans notre vie quotidienne ; surgit ainsi le spectre d'éléments criminels capables d'accéder aux plus grands potentiels de destruction pour livrer le monde au chaos sans toucher à l'ordre politique. La question du droit et de l'ethos s'est déplacée du fait même : à quelles sources puise le terrorisme ? Comment éradiquer de l'intérieur la nouvelle maladie de l'humanité ? Ce qui est effrayant, en l'occurrence, c'est que pour une part le terrorisme se donne des légitimations morales. Les messages de Ben Laden présentent le terrorisme comme la réponse des peuples impuissants et opprimés à la superbe des puissants, comme la punition méritée de leurs prétentions, de leur autocélébration et de leur barbarie qui offensent Dieu. Pour des hommes placés dans certaines conditions sociales et politiques, de tels raisonnements sont manifestement convaincants. Le comportement terroriste est aussi pour partie justifié comme une défense de la tradition religieuse contre l'athéisme de la société occidentale.

À ce stade, on peut soulever une question sur laquelle il nous faudra également revenir : quand le terrorisme se nourrit aussi de fanatisme religieux – et c'est le cas –, la religion est-elle une force qui permet d'être heureux et d'être sauvé, ou n'est-elle pas plutôt une force archaïque et dangereuse qui édifie de faux universalismes et fomente ainsi l'intolérance et le terrorisme ? Si c'est le cas, la religion ne doit-elle pas être placée sous le contrôle de la raison et soigneusement délimitée ? Se pose alors de toute évidence la question : qui peut faire cela ? Comment réaliser cela ? Mais l'interrogation plus générale demeure : faut-il considérer la suppression progressive de la religion, son dépassement, comme une avancée nécessaire de l'humanité pour qu'elle emprunte le chemin de la liberté et de la tolérance universelle ?

Entre-temps, une nouvelle forme de puissance est venue sur le devant de la scène ; au départ, elle semble purement vouée au bien et digne de toutes les approbations ; mais en réalité, elle peut se transformer en une nouvelle forme de menace de l'homme. L'homme est désormais capable de faire des hommes, de les produire pour ainsi dire dans l'éprouvette. L'homme devient un produit, et du fait même le rapport de l'homme à lui-même se modifie de fond en comble. Il n'est plus un don de la nature ou du Dieu créateur, il est son propre produit. L'homme a exploré le puits qui est à l'origine de sa puissance, les sources de sa propre existence. La tentation de se mettre enfin à construire l'homme véritable, la tentation de faire des expériences sur les hommes, la tentation de regarder les hommes comme des déchets et de les écarter – tout cela n'est pas une chimère née dans le cerveau de chercheurs opposés au progrès. Si auparavant nous posions la question de savoir si la religion était à proprement parler une force morale positive, c'est maintenant le doute de pouvoir compter sur la raison qui doit nous assaillir. Mais en fin de compte, la bombe atomique aussi était un produit de la raison ; et finalement la culture en éprouvette et la sélection des hommes ont elles aussi été inventées par la raison. N'est-ce pas inversement la raison qui devrait être maintenant placée sous surveillance ? Ou religion et raison devraient-elles peut-être se limiter mutuellement, se laisser mutuellement renvoyer à leurs domaines respectifs et amener à jouer leur rôle positif ? À ce point la question se pose de nouveau de savoir, dans une société mondialisée avec ses mécanismes de puissance et ses forces non maîtrisées, avec ses visions différentes de ce que sont la morale et le droit, comment une évidence éthique efficace pourrait être trouvée, une évidence avec assez de force pour donner des motivations et s'imposer pour répondre aux exigences évoquées et les aider à subsister.

III. LES PRÉSUPPOSÉS DU DROIT : DROIT – NATURE – RAISON

Tout d'abord s'impose un regard sur les situations historiques comparables aux nôtres – si du moins il en existe. Il est utile en tout cas de rappeler très brièvement que la Grèce a connu son Aufklärung, que le droit fondé sur les dieux perdit son évidence et qu'on dut s'interroger sur des raisons plus profondes du droit. Ainsi on en vint à la pensée suivante : face au droit établi, qui peut être un non-droit, ne doit-il pas y avoir un droit issu de la nature, un droit aligné sur l'être de l'homme lui-même ? Ce droit, il faut le trouver et il constituera par la suite le correctif par apport au droit positif.

Plus proche de nous, la double rupture intervenue au

début des temps modernes pour la conscience euro-péenne, rupture qui obligea à retourner aux fondements d'une réflexion nouvelle sur le contenu et les sources du droit. Il y a tout d'abord la sortie hors des limites du monde européen, du monde chrétien, qui s'accomplit avec la découverte de l'Amérique. Voilà qu'on rencontre des peuples qui n'appartiennent pas au monde de la foi chrétienne et du droit chrétien, qui étaient jusque-là la source du droit pour tous et lui donnaient sa figure. Il n'y a aucune communauté de droit avec ces peuples. Mais sont-ils dès lors sans droits, comme certains l'affir-mèrent en ces temps-là et comme le présupposa souvent le comportement à leur égard, ou bien existe-t-il un droit qui dépasse tous les systèmes juridiques, qui lie et désigne les hommes en tant qu'hommes dans leur exis-tence commune ? Dans cette conjoncture, Francisco de Vitoria a développé l'idée du *jus gentium*, du « droit des peuples », qui était déjà là en germe : dans cette expres-sion, le mot *gentes* inclut en lui le sens de « païen », de « non chrétien ». Ce qu'il vise, c'est donc le droit qui préexiste à la figure chrétienne du droit et qui doit régu-ler un juste vivre ensemble de tous les peuples.

La seconde rupture dans le monde chrétien eut lieu au sein de la chrétienté elle-même, avec la division de la foi qui constitua la communauté des chrétiens en deux communautés rivales – et pour partie ennemies l'une de l'autre. Une fois encore, c'est un droit commun précé-dant le dogme, ou du moins un minimum juridique, qu'il s'agit d'élaborer – un minimum dont les bases doi-vent reposer non plus dans la foi, mais dans la nature, dans la raison de l'homme. Hugo Grotius, Samuel von Pufendorf et d'autres ont élaboré l'idée du droit naturel comme un droit de la raison qui pose la raison comme l'organe constituant le droit commun – par-delà les frontières de la foi.

Le droit naturel est resté, spécialement dans l'Église catholique, la structure d'argumentation par laquelle elle en appelle à la raison commune dans ses dialogues avec la société séculière et avec d'autres communautés religieuses, par laquelle aussi elle cherche les fondements d'une entente à propos des principes éthiques du droit, dans une société séculière et pluraliste. Mais cet instrument s'est malheureusement émoussé, et c'est pourquoi je préfère ne pas m'appuyer sur lui dans ce débat.

L'idée du droit naturel présupposait un concept de la nature où nature et raison s'interpénètrent, où la nature elle-même est rationnelle. Cette vision de la nature s'est effondrée lorsque la théorie de l'évolution a triomphé. La nature en tant que telle ne serait pas rationnelle, même s'il y a en elle des comportements rationnels. Voilà le diagnostic qui nous est adressé à partir de ce moment-là, et qu'il semble aujourd'hui impossible de contredire[1]. Des diverses dimensions du concept de nature qui constituaient alors la base du concept de nature, il n'est resté que celui qu'Ulpian (au début du IIIe siècle après J.-C.) a résumé dans la proposition célèbre : *Jus naturae est quod natura omnia animalia*

---

1. La présentation la plus impressionnante de cette philosophie, toujours dominante, de l'évolution se trouve, malgré *des* correctifs introduits depuis sa parution, dans le livre de Jacques Monod, *le Hasard et la nécessité. Problèmes philosophiques de la biologie moderne*, Paris, Le Seuil, coll. « Points-Essais », 1973. Pour la distinction entre les résultats concrets des sciences de la nature et la philosophie qui les accompagne, on trouve des analyses très utiles dans R. Junker et S. Scherer (ed.). *Evolution, Ein Kritisches Lehrbuch* [L'évolution. Un manuel critique], partie 4 A. Giessen, 1998. Des indications sur la confrontation avec la philosophie de la doctrine de l'évolution, voir J. Ratzinger, *Glaube, Wahrheit, Toleranz* [Foi, vérité, tolérance], Fribourg, 2003, p. 131-147.

docet[1]. Mais précisément, cela ne suffit pas pour résoudre nos questions, car il n'y va justement pas de ce qui concerne tous les *animalia*, mais de devoirs spécifiquement humains, que la raison de l'homme a créés et qui ne sauraient trouver de réponse hors de la raison.

Comme élément ultime du droit naturel, qui voulait être au plus profond un droit raisonnable – en tout cas dans les temps modernes –, sont restés en place les droits de l'homme. Ils sont incompréhensibles sans le présupposé que l'homme en tant qu'homme, de par sa simple appartenance à l'espèce « homme », est sujet de droits, que son être lui-même porte en soi des valeurs et des normes – qu'il s'agit de découvrir et non d'inventer. Peut-être faudrait-il aujourd'hui compléter la doctrine des droits de l'homme par une doctrine des devoirs de l'homme et des limites de l'homme, et voilà qui pourrait malgré tout aider à renouveler la question de savoir s'il ne pourrait y avoir une raison de la nature et donc un droit raisonnable pour l'homme et sa présence dans le monde. Pour les chrétiens, ils auraient affaire à la créa-

---

1. « Le droit naturel est ce que la nature enseigne à tous les animaux » (trad. J.-L. S.). Sur les trois dimensions du droit naturel médiéval (dynamique de l'être en général, essence orientée de la nature commune aux hommes et aux animaux [Ulpian], orientation spécifique de la nature raisonnable de l'homme), voit les indications données dans l'article de Philippe Delhaye, « Droit naturel ». *Lexikon für Theologie und Kirche*, 2, t. VII, col. 821-825. Remarquable est la notion du droit naturel qu'on lit au début du décret de Gratien : *Humanum genus duobus regitur, naturale videlicit jure, et moribus. Jus naturale est quod in lege et Evangelio continetur, quo quisque jubetur alii facere quod sibi vult fieri, et prohibetur alii inferre quod sibi noli fieri* (« Le genre humain est gouverné par deux choses : le droit naturel évidemment, et les coutumes. Le droit naturel est ce qui est contenu dans la loi et l'Évangile, où il est ordonné à chacun de nous de faire à l'autre ce que nous voudrions qu'il nous fasse et où il est interdit de faire à l'autre ce que nous ne voudrions pas qu'il nous fasse », trad. J.-L. S.).

tion et au Créateur. Dans le monde indien, cela correspondrait à la notion de *dharma*, à la causalité interne de l'être ; dans la tradition chinoise, c'est l'idée des ordres célestes.

IV. L'INTERCULTURALITÉ
ET SES CONSÉQUENCES

Avant de tenter de tirer des conclusions de ce qui précède, je voudrais élargir un peu la piste à l'instant tracée. L'interculturalité me semble constituer aujourd'hui une dimension indispensable dans le débat autour des questions fondamentales concernant l'être homme ; cette discussion ne peut être menée ni exclusivement au sein du christianisme ni purement dans le cadre de la tradition occidentale de la raison. Tous deux se considèrent certes, selon leur compréhension d'eux-mêmes, comme universels et il se pourrait aussi qu'ils le soient de droit. Mais ils doivent reconnaître de fait qu'ils ne sont admis qu'en certaines parties de l'humanité et aussi qu'ils ne sont compréhensibles qu'en certaines parties de l'humanité.

Le nombre de cultures concurrentes est assurément beaucoup plus limité qu'il ne pourrait sembler à première vue. Ce qui compte plus que tout, c'est qu'au sein des aires culturelles, ne règne plus l'unité, mais que toutes sont marquées par de profondes tensions au sein de leur propre tradition culturelle. À l'Ouest, c'est tout à fait évident. Même si la culture séculière d'une rationalité rigoureuse – dont Jürgen Habermas nous a dressé un tableau impressionnant – est largement dominante et même si elle se comprend comme ce qui relie, la compréhension chrétienne continue de représenter une force efficace. Les deux pôles sont l'un en face de l'autre dans des proximités ou des tensions diverses, dans une volonté mutuelle d'apprendre l'un de l'autre ou dans une distance volontaire plus ou moins accentuée.

L'aire islamique est aussi traversée de semblables tensions ; de Ben Laden et son absolutisme fanatique aux attitudes ouvertes à une rationalité tolérante se déploie un large spectre de comportements. Le troisième grand espace culturel, la culture indienne, ou plutôt les espaces culturels de l'hindouisme et du bouddhisme, est traversé de tensions similaires, même si elles se manifestent de manière moins dramatique – du moins à nos yeux à nous. Ces cultures aussi sont confrontées aux défis de la rationalité occidentale comme aux questionnements de la foi chrétienne, car toutes deux y sont présentes ; ces cultures assimilent l'une et l'autre selon des modalités diverses tout en cherchant à préserver malgré tout leur propre identité. Les cultures indigènes d'Afrique comme celles d'Amérique latine, que certaines théologies chrétiennes ont remises à l'honneur, complètent le tableau. Elles apparaissent dans une large mesure comme une remise en question de la rationalité occidentale, mais aussi comme une remise en question de la prétention à l'universalité présente dans la révélation chrétienne.

Que résulte-t-il de toutes ces considérations ? Tout d'abord, me semble-t-il, la non-universalité de fait des deux grandes cultures de l'Occident : celle de la foi chrétienne et celle de la rationalité séculière, si importante soit leur double influence, chacune à sa manière, dans le monde entier et dans toutes les cultures. À cet égard, la question du collègue de Téhéran évoqué par M. Habermas me semble malgré tout avoir quelque poids : en partant d'une comparaison des cultures et de la sociologie des religions, la sécularisation n'est-elle pas une voie particulière qui aurait besoin d'un correctif ? Pour ma part, je ne réduirais pas cette question immédiatement, en tout cas pas nécessairement, à l'état d'esprit représenté par Carl Schmitt, Martin Heidegger et Leo Strauss, donc, pour ainsi dire, à une situation européenne fatiguée de la rationalité. En tout cas, c'est un fait que notre rationalité séculière, si forte soit sa clarté pour une raison formée en Occident, ne va pas de soi pour toute *ratio*, et que dans ses tentatives pour devenir évidente, elle se heurte à des limites. Son évidence est *de facto* liée à certains contextes culturels : elle doit reconnaître qu'elle n'est pas compréhensible pour toute l'humanité et que par conséquent elle ne peut devenir totalement opératoire pour elle. En d'autres termes, la formule universelle ou rationnelle, ou éthique, ou religieuse, sur laquelle tous se réuniraient et qui pourrait subsumer l'ensemble, n'existe pas. C'est pourquoi aussi le soi-disant *ethos* mondial reste une abstraction.

V. EN GUISE DE CONCLUSION

Que faire alors ? Par rapport aux conséquences pratiques, je me sens en large accord avec l'exposé de Jürgen Habermas sur une société postséculière, sur la volonté d'apprentissage mutuel et sur l'autolimitation de la part de chacun. Pour conclure, je voudrais résumer mes propres vues dans deux thèses.

1. Nous avons vu qu'il y a des pathologies extrêmement dangereuses dans les religions ; elles rendent nécessaire de considérer la lumière divine de la raison comme une sorte d'organe de contrôle que la religion doit accepter comme un organe permanent de purification et de

régulation – une vue qui était du reste celle des Pères de l'Église[1]. Mais nos réflexions ont aussi montré qu'il existe aussi des pathologies de la raison (chose dont l'humanité actuelle est en général moins consciente) ; il existe une *hubris* (violence) de la raison qui n'est pas moins dangereuse, qui est même, en raison de son efficience potentielle, plus menaçante encore : la bombe atomique, l'homme comme produit. C'est pourquoi et en sens inverse, la raison aussi doit être rappelée à ses limites et apprendre une capacité d'écoute par rapport aux grandes traditions religieuses de l'humanité. Si elle s'émancipe totalement et écarte cette disponibilité pour apprendre, cette forme de corrélation, elle sera destructrice.

Kurt Hübner a récemment formulé une exigence similaire et déclaré qu'avec une telle thèse il n'était pas question d'un « retour à la foi », mais d'une « libération par rapport à un aveuglement historique, qui considère que [la foi] n'a plus rien à dire à l'homme moderne du fait qu'elle s'opposerait à son idée humaniste de la raison, de l'Aufklärung et de la liberté[2] ». Je parlerais donc volontiers d'une forme nécessaire de corrélation entre raison et foi, raison et religion, appelées à une purification et une régénération mutuelle ; elles ont besoin l'une de l'autre et doivent mutuellement le reconnaître.

2. Il faut ensuite concrétiser cette règle fondamentale dans la pratique, c'est-à-dire dans le contexte interculturel de notre temps. Il ne fait pas de doute que les deux

---

1. J'ai tenté de préciser ce point dans la note 2 de mon livre déjà évoqué, *Glaube, Wahrheit, Toleranz, op. cit.* ; voir aussi M. Fiedrowicz, *Apologie im frühen Christentum* [L'apologie dans le christianisme primitif], partie 2 A, Paderborn, 2001.

2. Kart Hübner, *Das Christentum im Wettstreit der Religionen* [Le christianisme dans la compétition des religions], Tübingen, 2003, p. 148.

principaux partenaires de cette forme de corrélation sont la foi chrétienne et la rationalité occidentale sécularisée. On peut et on doit dire cela sans faux européocentrisme. Tous deux déterminent la situation du monde bien plus fortement que toutes les autres forces culturelles. Mais cela ne signifie pas pour autant qu'on pourrait rejeter les autres cultures comme « quantités négligeables » en quelque sorte. Ce serait de *l'hubris* occidentale, que nous aurions à payer cher et que nous payons déjà en partie. Pour les deux grandes composantes de la culture occidentale, il est important de consentir à une écoute, à une forme de corrélation véritable également avec les autres cultures. Il est important de les intégrer dans une tentative de corrélation polyphonique où elles s'ouvriront elles-mêmes à la complémentarité essentielle entre raison et foi ; ainsi pourra naître un processus universel de purification où en fin de compte les valeurs et les normes, connues ou intuitionnées d'une manière ou d'une autre par tous les hommes, gagneront une nouvelle force de rayonnement ; ce qui maintient ensemble le monde retrouvera de la sorte une vigueur nouvelle.

HOMMAGES

Lors de sa fête annuelle, le 14 mars 1978 à Munich, l'Académie catholique de Bavière a décerné le prix Romano Guardini à l'ancien ministre-président de Bavière, le Dr honoris causa Alfons Goppel. Le cardinal Joseph Ratzinger, en sa qualité de président de la conférence épiscopale bavaroise et de président d'honneur de l'Académie, faisait son éloge à l'occasion de la remise de cette distinction récompensant une personne ayant contribué de « façon remarquable à l'interprétation du monde actuel dans tous les domaines de la vie spirituelle ». Le cardinal dressait un portrait sensible et vivant de la personnalité d'Alfons Goppel fortement marquée par les idées chrétiennes et catholiques. Au-delà de cet éloge, Joseph Ratzinger s'attachait à souligner l'importance primordiale d'une action politique inspirée par le sens chrétien de la responsabilité qu'il replaçait dans le contexte plus vaste d'une conception du monde proche de celle du philosophe des religions Romano Guardini.

ÉLOGE DU MINISTRE-PRÉSIDENT ALFONS GOPPEL

Celui qui dresse la liste des lauréats du prix Romano Guardini sera surtout d'abord surpris de constater qu'ils viennent d'horizons divers et variés. Nous trouvons au tout début de cette liste deux théologiens, Karl Rahner et Hans Urs von Balthasar, qui ont conçu la théologie comme un questionnement sur l'ensemble de la réalité et qui l'ont poursuivi en se souciant de la responsabilité qui nous incombe à l'égard du monde dont nous sommes les dépositaires. Nous trouvons au bas de la liste deux hommes politiques : Teddy Kollek, le maire de Jérusalem, et Alfons Goppel, qui est depuis presque 16 ans ministre-président du *Land* de Bavière. D'aucuns se demanderont peut-être, et surtout parmi ceux qui conçoivent le travail de Guardini avant tout comme une œuvre esthétique et littéraire, si le critère d'« interprétation du monde », d'après lequel on attribue le prix, n'a pas été exagérément élargi.

Le mot « esthétique » peut justement sans doute nous permettre d'approfondir notre réflexion : Guardini n'était certainement pas un esthète ou un esthéticien, comme on le lui a parfois reproché. C'était avant tout un homme à qui l'intuition de l'artiste a ouvert des horizons qui n'apparaissent pas au scientifique lorsqu'il se sert de la science comme d'un outil de démonstration. Cela justifie aussi la présence parmi les lauréats de ce prix d'un artiste bavarois célèbre en Europe : je veux parler de Carl Orff. En juin 1965, lorsque Alfons Goppel remettait à Carl Orff la Croix fédérale du mérite, il définissait l'œuvre de ce compositeur en des termes éloquents qui permettent de comprendre dans quelle mesure le musicien Carl Orff est un interprète du monde : « Il ramène au cœur même de la pensée humaine : en représentant le déroulement de la vie sous la forme du mouvement, du jeu et du chant, il révèle la vérité de l'existence dans l'illusion du monde théâtral et, par la sonorité ainsi que par le rythme du chant et de la langue, il dévoile la spiritualité qui unit sensation et pensée et, en peignant les joies et les peines du monde vivant, il met aussi en évidence les lois immuables et fondamentales de l'être[1]. » Goppel reprenait là au sujet de Carl Orff ce que ce dernier avait dit auparavant de Hindemith : « Hindemith vivait complètement dans son époque. Il la connaissait et il en a relevé le défi comme très peu le firent. Il a répondu aux questions, il ne s'est pas dérobé à l'appel. Il fut influencé et porté par son époque jusqu'au moment où il finit par la dépasser et par lui apposer son sceau avec une suprême souveraineté[2]. » Il me semble que nous sommes en droit de reprendre à notre compte cette phrase pour l'appliquer à l'œuvre d'Alfons Goppel, car elle définit la relation qu'il entretient avec son époque et en révèle la signification pour ses contemporains.

---

1. A. Goppel, *Reden*. Choix de manuscrits datant des années 1958-1965 (Würzburg), p. 130.
2. *Ibid.*, p. 129.

I. LA POLITIQUE CONÇUE COMME UN ART

L'artiste est un interprète du monde – celui qui affirme cela dans le contexte actuel, en comparant ces deux lauréats du prix Guardini, différents et pourtant si proches, se souviendra que Platon considérait la politique comme un art, ce qui l'avait conduit à lui fixer un critère. L'essentiel sur le sujet se trouve dans le *Gorgias* qui, dans son analyse impitoyable de la décadence du mot, de l'homme et de l'État due aux sophistes, présente des similitudes presque inquiétantes avec les problèmes auxquels nous sommes confrontés aujourd'hui. Selon le Socrate que fait parler Platon, il y aurait deux sortes d'art : « Celui qui se rapporte à l'âme, je le nomme politique », tandis qu'il qualifie de gymnastique et de médecine celui qui se rapporte au corps. Mais, dans les deux cas, on trouve aussi le simulacre de l'art qui, en se drapant dans le manteau de la vérité, corrompt tout. Le propre du pseudo-art est d'aspirer à l'agréable en excluant l'excellence et d'utiliser l'agréable pour séduire et abuser la bêtise. Lorsque Platon cherche à déterminer le moment où ce séduisant simulacre d'art prive l'homme de ce qui est bon en lui proposant en contrepartie l'agréable, il définit ce qu'il appelle l'art et explique pourquoi il considère la véritable politique comme un « art » : le pseudo-art, la capacité poussée jusqu'au raffinement démoniaque, qui vise à la prise du pouvoir en s'attachant les hommes par le confort de la non-vérité, n'est pas un « art », mais un simple « savoir-faire » : ἐμπειρύα. Et s'il n'est que cela, c'est parce qu'il n'a pas « conscience du fondement » : « Moi, je n'appelle pas art quelque chose qui n'a pas "conscience du fondement" [1]. » Nous pouvons donc en déduire en nous appuyant sur Platon que l'art est une représentation de la réalité, qui procède de la connaissance du fondement et adopte une attitude responsable par rapport à lui. Aristote formule cette idée en disant de l'art qu'il est la capacité de donner forme au réel à partir d'une juste interprétation [2]. Aristote, qui entreprend de classifier les concepts, ajoute que la politique n'a pas pour contenu le « faire » mais « l'agir responsable » ; voilà pourquoi il préfère l'appeler science ou « *dynamis* » sans toutefois lui refuser le nom d'« art » [3].

Dans un discours que prononce Alfons Goppel en 1965 lors d'un rassemblement régional de la Junge Union (rassemblement des jeunes du CDU), il désigne la liberté, la responsabilité personnelle et la dignité de l'homme comme les idées directrices de sa politique : « Elles n'ont pas besoin d'être sans cesse reformulées dans d'interminables discussions ou dans des déclara-

---

1. *Gorgias*, p. 465a. Citation précédente, p. 464b-465a. Je m'appuie pour l'essentiel sur la traduction en allemand de J. Deutschte, telle qu'elle est présentée dans l'édition en trois volumes des œuvres de Platon chez Hegner (Köln-Olten 1967⁵) (I pp. 301-409). J. Pieper, *Kümmert euch nicht um Sokrates*. Trois jeux télévisés (Munich 1966), pp. 11-80, montrent de manière éclatante l'actualité du *Gorgias*.

2. *Éthique à Nicomaque* VI 4, 1140a, 9 et suivantes. F. Dirlmeier (Aristote, *Éthique à Nicomaque*, Darmstadt 1956) μεταλόγου ἀληθους, que j'ai rendu ici par « juste appréhension par les sens », par « mû par une juste réflexion » (p. 126). Il s'agit en tout cas d'un comportement étayé par une pensée qui s'appuie sur la compréhension du sens.

3. Politique en tant que δύναμις : Magna Moralia I 1, 1182 b 1 et suivantes. Relation entre τέχνη et δύναμις : Analprior. 30, 46a 22 ; Métaphysique I 1, 981a 3 ; *Éthique à Nicomaque* I 1, 1094a 7 (relation entre τέχνη et ἐπιστημη), à plusieurs reprises dans le texte.

tions pathétiques pour la simple raison qu'elles sont profondément ancrées dans la vision chrétienne du monde sans laquelle la conception occidentale de la liberté et de l'homme n'aurait pu entamer sa marche triomphale à travers le monde entier[1]. » À l'occasion de la prise de fonction du recteur de l'université de Ratisbonne, il a fait allusion dans son allocution à l'ancrage fondamental de toute formation et de toute communauté politique dans l'éducation dispensée par les parents, qui dépend elle-même « des forces vives qui prennent naissance naturellement dans nos cœurs et dans nos têtes, à savoir le respect de Dieu et de l'Esprit, de la vie et de l'existence ainsi que cette humilité devant les grandes choses que nous avons reçues en partage[2] ». Voici le meilleur héritage issu de la tradition occidentale : celui de la pensée grecque et de son humanisme inventif, celui de l'esprit de la foi chrétienne et de son respect de la dignité de l'homme que Dieu a créé et appelé à Lui. Une politique inspirée par un tel esprit est plus qu'un simple ἐμπειρία – qu'un savoir-faire du 'faire' dans l'ignorance de l'idée qui en est la cause. Elle est l'interprétation du monde à partir de son fondement, elle nous permet de comprendre de nouveau l'idée de Platon que nous ne comprenions plus, selon laquelle la politique, ayant quelque chose à voir avec l'âme, est l'art des arts, le mode déterminant de l'interprétation du monde.

---

1. *Reden*, p. 26.
2. *Ibid.*, p. 110.

II. « BAVARITÉ »

Les phrases d'Alfons Goppel que nous venons de citer nous font entendre non seulement un programme politique, mais elles nous dévoilent aussi un peu de sa propre personnalité. Si j'essaye de la décrire, je suis à nouveau tenté d'emprunter quelques remarques dans le discours de Goppel à propos de Carl Orff. « Aucun hommage – c'est ce qu'on y lit – ne pourra passer sous silence un trait essentiel de sa personnalité : sa 'bavarité' », que Goppel définit comme un mélange d'humanité terrienne et d'affinité suprasensible avec le monde environnant[1]. Pour Alfons Goppel, la 'bavarité' c'est aussi éprouver la joie de la terre, de la patrie, du monde et de la vie, c'est aussi une gaieté qui, même dans les périodes sombres et troublées, n'oublie pas que Dieu a bien créé ce monde et s'en réjouit. Cela va de pair avec une dévotion religieuse dépourvue de tristesse et d'ascétisme, qui n'assombrit pas le monde mais l'illumine et l'éclaire de sa foi. Être bavarois, cela signifie aussi pour Alfons Goppel avoir l'esprit tourné vers l'Allemagne, l'Europe et le monde entier. C'est à sa ville natale, Ratisbonne, jadis ville d'Empire, ainsi qu'à ses origines familiales – sa mère était originaire du Haut-Palatinat et son père de Souabe –, qu'il doit cette ouverture dont toute sa biographie fait état : il passe une bonne partie de sa vie à Aschaffenburg en Franconie, une région qu'il apprend à connaître et à aimer au sein de la vaste Bavière ; il va chercher sa femme à Bentheim en Westphalie, tout près de la frontière hollandaise, il la rencontre pour la première fois devant une fontaine située en face de l'Université à Munich, presque comme dans la Bible où l'on

____

1. *Ibid.*, p. 128.

apprend que Moïse et Isaac trouvèrent leurs femmes à la fontaine, là où se rencontrent les hommes et les femmes depuis la nuit des temps. On ne peut rendre honneur à Alfons Goppel et prononcer son éloge sans faire celui de son épouse Gertrud et lui exprimer toute la reconnaissance qu'on lui doit. L'humanité qu'elle irradie, la chaleur féminine et maternelle qui émane d'elle sont indissociablement liées aux années Goppel.

Être bavarois comme l'entendent Alfons et Gertrud Goppel n'a rien à voir avec un chauvinisme mesquin. Cette qualité ne s'épanouit véritablement que dans la mesure où une ouverture sur le monde et des convictions allemandes et européennes viennent l'étayer.

III. UNE RESPONSABILITÉ ENVERS SON PAYS

La vie d'Alfons Goppel couvre une période qui débute avec les années du prince-régent Luitpold, traverse la République de Weimar, le IIIe Reich, la Seconde Guerre mondiale et se prolonge jusqu'à l'ère de l'atome. Le père de Goppel était secrétaire du syndicat chrétien. Alfons, le quatrième d'une fratrie de neuf enfants, a su et sait encore ce que signifient la pauvreté et la privation : il n'en a pas une connaissance livresque, il en a aussi fait l'expérience personnelle. Lorsque son discours à l'Université de Ratisbonne traite de l'éducation et des parents, il parle en toute connaissance de cause de son héritage familial et des racines qu'il a conservées et qui irriguent constamment sa vie. Son entrée en politique, en tant que conseiller municipal élu lors des dernières élections libres à Ratisbonne en 1933, s'interrompt brutalement à l'instant où le régime de terreur national-socialiste renvoie chez eux les citoyens élus démocratiquement. Ce n'est qu'après avoir vécu l'enfer de la guerre que Goppel ressent la nécessité incontournable de se lancer dans l'action politique : celui qui est passé par là, explique-t-il, *doit* prendre des responsabilités politiques, afin que le passé ne se répète pas. Son sentiment de la responsabilité envers son pays et les hommes ainsi que ses convictions chrétiennes sont à l'origine de la carrière politique de cet homme qui assume les fonctions de ministre-président de la Bavière depuis bientôt 16 ans. Au cours de cet éloge du lauréat du prix Guardini, je n'ai besoin ni de décrire par le menu les étapes de son parcours politique ni de présenter les points forts de son travail au sein du gouvernement. Sous sa férule, la Bavière a pris un nouveau visage sans pour autant se renier. Pour s'en convaincre, il suffit de citer quelques faits marquants. Le mandat de Goppel a vu la création de cinq nouvelles universités à Ratisbonne, Augsbourg, Bayreuth, Passau et à Bamberg avec la création de l'Institut universitaire pluridisciplinaire. Goppel a soutenu activement la construction et l'agrandissement de l'Institut universitaire catholique d'Eichstätt. La reconstruction du Théâtre national et celle de la Residenz ont eu lieu pendant son mandat. La Bavière est devenue un État industriel moderne qui tient aujourd'hui une place importante dans le tissu économique de la République fédérale. Ajoutons que Goppel a aussi été le premier chef de gouvernement à fonder un ministère du Développement et de l'Environnement à l'échelle du *Land* et qu'il a ainsi, à une époque où l'idéologie de la croissance dominait encore presque sans conteste, posé de nouveaux jalons pour l'avenir. La création du Parc national de la Forêt bavaroise, la loi sur la protection de l'environnement naturel et celle sur la protection des monuments historiques ont vu le jour durant les années

Goppel – la Bavière, avec ces projets de loi, a fait œuvre de pionnière pour affronter les nouveaux défis actuels. Conformément à ses convictions européennes et mondiales, Goppel a mené de plus en plus d'actions au-delà des frontières de son *Land* et il a hissé la Bavière au niveau international. Il a joué un rôle essentiel dans la fondation du groupe de travail des pays alpins et tous les projets qu'il avait exposés dans son discours de 1965 à la Conférence régionale de l'Union chrétienne-démocrate de Munich se sont traduits dans l'action politique. « La Bavière, a-t-il dit à l'époque, est en quelque sorte une plaque tournante orientée vers le sud-est de l'Europe[1]. » Six mois auparavant, dans un discours prononcé à l'Université de Ratisbonne, il avait parlé du Danube comme d'un axe orienté vers le sud-est et avait qualifié ce fleuve de guide et de défi[2]. Et, pour donner enfin un dernier exemple d'une mesure efficace en politique étrangère, nous avons encore tous présentes à la mémoire l'exposition bavaroise à Moscou et la visite que Goppel rendit au président de l'Union soviétique, montrant ainsi qu'une analyse critique, ferme et claire du marxisme ne doit pas nécessairement faire obstacle à une politique de paix ni empêcher des rencontres fructueuses.

IV. VÉRITÉ ET CONSCIENCE

Revenons une fois encore au *Gorgias* de Platon, qui a élevé la juste politique au rang d'un art au service des

---

1. *Ibid.*, p. 9.
2. *Ibid.*, p. 111.

âmes, à l'heure où l'État et donc les âmes étaient en grand danger. Selon le diagnostic de Platon, le danger naît de la facilité avec laquelle on utilise les mots sans se soucier de leur adéquation avec la vérité. En aveuglant l'homme avec l'agréable, on le détourne du bien. Le Socrate de Platon dit à ce sujet que les « orateurs », c'est-à-dire ceux qui savent manier le mot sans répondre de sa vérité, « tuent qui ils veulent, à la manière des tyrans ; ils privent de leurs biens et chassent de l'État qui bon leur semble [1] ». En Allemagne, nous avons connu ce tyran qui tue, chasse et confisque. Platon a ressenti la nécessité en son temps, alors qu'aucun tyran n'était apparemment en vue, de mettre en garde contre l'emploi irresponsable du mot, tyrannie d'un genre particulier qui tue, prive et chasse aussi à sa manière. Il y a certainement aujourd'hui suffisamment d'occasions de proférer de telles mises en garde et de rassembler les forces en mesure de repousser la tyrannie qui ne cesse de croître sous nos yeux. Pour avoir vécu la tyrannie sanglante d'Hitler et avoir pressenti les nouveaux dangers, Romano Guardini était devenu à la fin de sa vie, presque à l'encontre de son propre tempérament, le vigile qui, par son discours aux accents dramatiques, attire l'attention sur les dégâts que cause la politique lorsqu'elle s'affranchit de la conscience ; il a été aussi amené à en appeler à l'homme qui agirait politiquement en s'inspirant de sa foi afin de fournir une interprétation juste, pas uniquement théorique mais concrète et effective du monde. « L'homme qui n'a pas la foi n'est pas en mesure de diriger le monde convenablement » – voilà ce qu'il dit dans un de ses discours. « Les forces, qui seraient assez puissantes pour contrôler leur propre pouvoir ne proviennent ni de la science ni de la technique en elles-

---

1. *Gorgias*, p. 466c-d.

mêmes. Elles n'émanent pas non plus d'une éthique indépendante de l'individu et tout aussi peu d'une sagesse souveraine de l'État. [...] C'est dans la conscience de l'homme qui vit en union avec Dieu que se trouvent les dispositions véritablement salvatrices... Il est possible qu'un jour le sauvetage du monde au sens propre... dépende du fait que le chrétien en assume la responsabilité. »[1] Les déclarations de ce grand érudit chrétien ainsi que sa profession de foi personnelle se retrouvent dans le discours de l'homme politique Alfons Goppel — quand il affirme lors de l'inauguration de l'Université de Ratisbonne : « Les décisions cruciales ne dépendront jamais du savoir mais de la conscience de celui qui les prendra. »[2] Les adversaires politiques de Goppel ne contestent pas que sa référence en politique soit toujours restée en dernier ressort la responsabilité d'une conscience guidée par la foi chrétienne ; c'est la raison pour laquelle il n'a pas aujourd'hui d'ennemis mais seulement des adversaires politiques. En exprimant notre reconnaissance pour son action politique et pour son interprétation du monde, nous agissons dans l'esprit de l'héritage que nous a transmis Romano Guardini. Je félicite donc très chaleureusement le lauréat du prix Guardini de cette année, notre ministre-président Alfons Goppel.

---

1. R. Guardini, *Sorge um den Menschen* (Würzburg 1962), pp. 83 et suivantes, p. 85. Cf. *Gebet und Wahrheit. Meditationen über das Vaterunser* (Würzburg 1960), pp. 184 et suivantes. À voir également l'essai connu, publié en 1946 : *Der Heilbringer in Mythos, Offenbarung und Politik*, dans : R. Guardini, *Unterscheidung des Christlichen. Gesammelte Studien 1923-1963* (Mayence 1963²), pp. 411-456. Et aussi, H.U. von Balthasar, *Romano Guardini, Reform aus dem Ursprung* (Munich 1970), en particulier, p. 19 et suivantes.

2. *Reden,* p.110.

À l'occasion du centenaire de la naissance de Romano Guardini (17.2.1885-1.10.1968), l'Académie catholique de Bavière, qui sait à quel point elle est redevable à l'œuvre du philosophe des religions, du théologien, du critique littéraire et du pédagogue, a organisé le 2 février 1985 à Munich une académie ayant pour but de célébrer sa mémoire. Devant un large public d'intéressés, les conférences ont abordé quelques aspects particuliers de son œuvre et notamment la question de savoir dans quelle mesure l'approche spécifique de Guardini, à l'écart de toute « scientificité », nous livre encore aujourd'hui, en s'appuyant sur la foi chrétienne, des réponses dans notre quête de sens. C'est dans ce contexte que se range la conférence de clôture du cardinal Joseph Ratzinger qui rendit un hommage circonstancié à la théologie de Romano Guardini, dépassant largement le cadre d'une allocution commémorative pétrie de respect.

DE LA LITURGIE À LA CHRISTOLOGIE

Fondement et force de la théologie
de Romano Guardini

Prononcer un discours à l'occasion d'un anniversaire n'est pas sans risques. Le discours peut facilement se transformer en une oraison funèbre qui masque souvent à peine, derrière le panégyrique, l'adieu au passé révolu. Que faisons-nous donc lorsque nous fêtons les cent ans de Romano Guardini ? Est-ce de la nostalgie de la part de ceux pour qui la rencontre avec Guardini a représenté une expérience spirituelle si marquante qu'ils aimeraient transmettre quelque chose de précieux à la jeune génération d'aujourd'hui ? Ils en oublient qu'une nouvelle époque a besoin de nouvelles figures de proue. À moins que la voix de Romano Guardini ait conservé une telle actualité que nous devions juste la rendre à nouveau audible ? L'alternative n'est peut-être pas aussi tranchée qu'elle ne le paraît au premier abord. En effet, si quelqu'un a non seulement écrit des livres, mais a également été capable de marquer durablement toute une génération, alors, c'est déjà quelque chose en soi qui suggère une permanence de la pensée. Et, inversement, quelqu'un ne peut continuer à exercer une influence par son écriture, sans avoir des médiateurs vivants qui découvrent dans une parole appartenant au passé son actualité et qui sont en mesure de la voir avec des yeux nouveaux et de la vivre différemment. Toute parole humaine s'enracine dans son époque et traduit les limites d'une époque. La question est de savoir si de telles paroles recèlent l'expérience et la souffrance de la condition humaine et de la réalité elle-même, capables en touchant au cœur de notre être, d'entraîner une nouvelle expérience et une nouvelle compréhension. Ce qui compte chez un auteur n'est pas ce qu'on appelle l'intemporel. Cette quintessence soi-disant intemporelle que certains interprètes distillent en puisant dans l'œuvre des philosophes ou des théologiens du passé et présentent à leurs lecteurs comme le substrat intemporel, a toujours été pour moi le pire de l'ennui, parce qu'elle se réduisait à conserver le banal et l'insipide. Plus un homme relève avec force les défis de son époque, plus il affirme le droit de la condition humaine, et plus son message garde de sa valeur, même s'il ne peut être compris que par le biais de la rencontre avec ce qui est pour moi, dans un premier temps, l'autre réalité ou l'autre être. Et ce n'est qu'en nous laissant émouvoir par ce qui est vraiment autre, que nous nous trouvons nous-mêmes. L'époque à laquelle Guardini était encore un des nôtres et s'adressait à nous de vive voix, sombre irrémédiablement. Reste à savoir si cette altérité dans laquelle il s'éloigne dans un premier temps, porte en elle cette capacité à générer la rencontre qui sera en mesure de nous faire porter sur nous-mêmes un regard nouveau et de nous ramener ainsi à nous-mêmes.

I. LE RENOUVEAU LITURGIQUE ET SON CONTEXTE HISTORICO-PHILOSOPHIQUE

Faisons en sorte et ne craignons pas d'aborder avec enthousiasme l'altérité là où elle se trouve. Elle est là, cela ne fait aucun doute. Dans les premiers écrits liturgiques de Guardini, ce ne sont pas seulement le pathos de la langue, le romantisme d'une jeunesse en route pour de nouveaux horizons qui nous touchent par leur singularité. Ce qu'il y a de singulier et de déconcertant se situe dans la conscience historique dont ce pathos se nourrit. « Les 'temps modernes' sont révolus – nous espérons qu'ils le sont vraiment ! », c'est une des phrases caractéristiques tirée de la *Formation liturgique*[1], dans laquelle on perçoit cette tonalité dominante d'espoir et de confiance en une nouvelle époque qui succède à de longs troubles ; tout le livre est écrit dans cet esprit. Ce qui commence désormais apparaît comme une rupture avec une longue période de folie ; le pays de l'avenir s'offre de nouveau, ouvert et libre, à une jeunesse qui s'y engage pour bâtir un monde meilleur. On peut comprendre que cette confiance dans l'aube, ce sentiment de sortir des erreurs du passé ait justement pu enthousiasmer des jeunes et que ces jeunes aient été à l'écoute de celui qui s'exprimait ainsi. « Les "temps modernes" sont révolus – nous espérons qu'ils le sont vraiment ! » Pour Guardini, « la fin des temps modernes » n'était pas une quelconque idée théorique historico-philosophique, mais une expérience vécue, une sortie du crépuscule de sa propre aurore, en compagnie de jeunes qui le comprenaient et qui, en le comprenant,

---

1. R. Guardini, *Liturgische Bildung, Versuche*, Rothenfels, 1923, p. 26.

lui apportaient la confirmation de sa propre vocation et de sa mission particulière. Les temps modernes étaient pour Guardini synonymes de la décomposition de l'homme, du monde même, qui devenaient une intellectualité, par là-même « mensongère » et une simple matérialité, un instrument réduit à réaliser les visées humaines. Les temps modernes aspiraient, selon lui, à une intellectualité pure, « et il advint l'une des confusions les plus horribles qui aient jamais vengé la distance prise par rapport à une attitude conforme à l'essence même de l'être : on voulait le pur esprit et on se retrouva dans l'abstraction [1] ». Et maintenant, dit-il, nous voyons avec horreur que ce monde était en fait tout le contraire de l'esprit, « qu'il était horriblement mort : c'était un monde de concepts, de formules, d'appareils, de mécanismes et de systèmes [2] ». Se détourner d'une intellectualité aussi mensongère signifie aussi : « Éloignons-nous de la matérialité animale de ce siècle qui éprouvait une joie si malsaine à descendre de l'animal [3] ! » Ce rejet des temps modernes est lié, chez le jeune Guardini, à un regain d'enthousiasme presque exalté pour le Moyen-âge comme il l'imaginait à partir du livre de P.L. Landberg, *Das Mittelalter und wir*, *Le Moyen-âge et nous* (Bonn 1923), livre qui était devenu pour lui, apparemment, une sorte de sésame [4].

---

1. *Ibid.*, p. 23.
2. *Ibid.*, p. 24.
3. *Ibid.*, pp. 26 et suivantes.
4. Cf. l'indication donnée dans le cours inaugural de Guardini « *Anselm von Canterbury und das Wesen der Theologie* » dans : *Auf dem Wege. Versuche*, Mayence 1923, où Guardini, comme à plusieurs reprises dans les écrits de cette même époque, cite le livre de Landsberg et ajoute : « Ces dernières années, peu de choses sont parues que j'aimerais mettre à côté de cet écrit » (p. 45, rem. 1). À propos de la relation entre Guardini et Landsberg, cf. H.-B. Gerl, *Romano Guardini 1885-1968. Leben und Werk*, Mayence, 1985,

L'idée liturgique de Guardini apparaît à l'origine dans ce contexte : la redécouverte de la liturgie rime avec la redécouverte de l'unité de l'esprit et du corps qui constitue la totalité d'un être humain, car la démarche liturgique est une démarche du corps et de l'esprit ; elle se traduit par un éloignement d'une piété confinée dans le seul domaine intellectuel ou moral et elle s'oriente vers une prière qui allie toute réalité dans une action physique au sein de l'assemblée des fidèles. Conformément à cela, la démarche liturgique est plus exactement une démarche symbolique permettant d'appréhender le monde et sa propre existence comme un symbole, parce que le symbole est l'incarnation même de l'esprit et de la matière réunis, il est l'être spirituel du matériel et l'être matériel du spirituel. Le symbole se perd là où l'un et l'autre s'écartent, détruisant de ce fait le pouvoir de la liturgie, parce que le monde se trouve scindé de manière manichéenne entre esprit et corps, entre sujet et objet. Mais si la chrétienté s'accomplit véritablement dans la liturgie, si sa manière de comprendre la réalité se présente essentiellement dans le symbole, alors c'est le devenir-essentiel de l'homme – un des devises favorites de Guardini – qui est en jeu dans cette lutte pour le symbole et la liturgie [1]. Il s'ensuit que la question du dépasse-

---

pp. 130 et suivantes et p. 142. Il faut dire que Guardini s'est efforcé de ne pas tomber dans un romantisme moyenâgeux, cf. *Liturgische Bildung*, p. 52, rem. 2 : « Quand on souligne ici le Moyen-âge et qu'on montre dans quelle mesure il était supérieur à l'époque contemporaine, il ne s'agit pas d'une vision romantique. Je ne veux pas dire que l'époque contemporaine est mauvaise [...] ; je n'exige pas non plus de notre époque qu'elle imite le Moyen-âge [...] Chaque époque a sa mission [...] Chaque époque doit et peut être catholique [...] Je crois que Ranke a dit cela : Pas d'imitation, mais une réflexion sur soi et une quête de soi qui permette de se trouver. »

1. Cf. *Liturgische Bildung*, pp. 22 et suivantes ; *Vom Geist der Liturgie*. Nouvelle édition, Fribourg, 1983, pp. 73-85.

ment des temps modernes est au cœur même de sa pensée, non, de toute son existence personnelle en tant qu'homme et en tant que chrétien.

Tout cela ressurgit une fois encore – sans changement quant à l'orientation fondamentale mais cependant développé sous un angle nouveau – dans une de ses dernières remarques concernant la question liturgique, laquelle figure dans la lettre que Guardini adressa en 1964 aux participants du Troisième Congrès liturgique à Mayence. On peut y lire la question célèbre qui, au beau milieu de l'euphorie de la réforme liturgique du Concile Vatican II, révéla très brutalement le cœur de ses propres préoccupations et l'ultime profondeur de son humanité : « L'acte liturgique et tout ce qu'on appelle "liturgie" n'est-il pas tellement lié à l'histoire – antique ou moyenâgeuse – qu'il faudrait, pour être honnête, y renoncer complètement[1] ? » À l'époque, on a fait de la question de Guardini un sondage[2], mais c'est justement ce qu'il n'avait pas voulu dire. Il ne s'agissait pas pour lui de trouver de nouvelles tactiques, peut-être justement

---

1. *Liturgie und liturgische Bildung*, Würzburg, 1966, p. 16. On trouve exactement la même question quant au contenu, mais formulée de manière plus générale dans : *Religion und Offenbarung*, Würzburg, 1958, p. 105 : « L'image du monde ne cesse de perdre sa dimension religieuse. Elle devient de plus en plus profane..., le comportement religieux perd de son évidence. Il devient de plus en plus un devoir..., dont les exigences ne cessent de croître. De là naît la question de savoir si ce processus peut à ce point perdurer qu'il aboutisse à la disparition pure et simple du comportement religieux ou qu'il se cantonne aux quelques formes subsistantes. Si on s'imagine par exemple les efforts entrepris dans ce sens dans les pays athées totalitaires sur une assez longue période et menés par des méthodes de plus en plus sophistiquées, alors cette question peut devenir très urgente. »

2. Cf. les remarques des éditeurs (J. Messerschmid et H. Waltmann) dans : *Liturgie und liturgische Bildung,* pp. 17 et suivantes, rem. 1.

parce que la tactique qu'on venait de développer et d'adopter définitivement semblait déjà dès le départ vouée à l'inertie. Mais Guardini posait par là une question fondamentale concernant l'homme et la possibilité pour lui de croire, question qui fait écho au pessimisme de Jésus lorsqu'Il demande : « Mais le fils de l'homme, quand il viendra, trouvera-t-il la foi sur terre ? » (Lc 18,8). Guardini avait perdu l'élan optimiste de la première heure ; il ne doutait pas du fait que l'homme est un esprit dans un corps et un corps dans un esprit et que, par là-même, la liturgie et le symbole le mènent vers l'essentiel de ce qu'il est. Il se demandait plutôt quelle extrémité pourrait un jour atteindre l'aliénation de l'homme dans l'histoire.

Guardini n'est pas revenu sur la thèse qu'il avait émise au sujet de la fin des temps modernes, mais les nouveaux temps modernes lui ont bel et bien montré très tôt un visage radicalement différent de celui qu'il avait cru pouvoir percevoir dans la première heure du changement qui s'amorçait. Si les premiers discours de Guardini s'inscrivent encore sous le signe de la confiance en un nouveau départ, en un tournant, dont *la Formation liturgique* traduit le grand optimisme initial, cette même année 1923 lui fera vivre une expérience d'un genre complètement différent : les lettres du lac de Côme reflètent le choc que Guardini a ressenti devant l'irruption brutale de la civilisation technique dans le paysage et dans la grande civilisation urbaine du Sud. À partir de ce moment-là, le tableau devient plus mélancolique, les analyses plus sévères, en dépit de l'espoir auquel il s'accroche et qui transparaît presque en filigrane dans la douleur de ces phrases devenues célèbres tirées de *Ende der Neuzeit* : « La plénitude religieuse aide à croire ; mais elle peut aussi voiler le contenu de la foi et le séculariser. Si la foi devient moins expansive, alors elle devient plus aride mais en revanche plus pure et plus forte, [...] dans son choix, sa fidélité et ses efforts [1]. » Guardini a eu

___

1. *Das Ende der Neuzeit*, Bâle, 1950, 129. On peut peut-être trouver une première allusion à un point de vue critique dans *Liturgische Bildung* (Printemps 1923). Certes, le pathos de la confiance y domine ; cf. en plus des passages cités au début, en particulier p. 42 : « Cependant, un changement est déjà en route », p. 70 : « Mais nous sentons qu'ici aussi le changement s'opère. » Guardini reste ici dans la ligne des travaux faits entre 1916 et 1921, qu'il a également rassemblés et présentés dans un petit volume *Auf dem Wege. Versuche.* Nous trouvons néanmoins dans *Liturgische Bildung* cette remarque : « Notre époque sort d'un hier individualiste pour entrer dans un demain peut-être communiste. Les deux sont loin d'une véritable communauté » (p. 78). Mais cela reste une question théorique. Le choc culturel qui envahit profondément son âme se produit en 1923 au lac de Côme : « Là-haut, dans le nord, nous y sommes habitués. Nous ne connaissons rien d'autre qu'un environnement saccagé... Mais ici, c'était autrement ! Une forme proche de l'humain vivait encore ici. Et j'ai vu la destruction l'envahir. J'ai alors ressenti ce dont là-haut je n'étais plus conscient, aveuglé par l'habitude : le monde de l'humanité naturelle... sombre ! Je ne peux pas te dire quel chagrin j'éprouve » (*Lettres du lac de Côme*, 1927, p. 13). La dernière lettre tente de transformer cette analyse que H. U. von Balthasar appelle « pathétique » (*Romano Guardini*, Munich, 1970, p. 12) en quelque chose de positif : « Notre place est dans le devenir. Nous devons nous y positionner, chacun à sa place. Ne pas nous arcbouter contre ce qui est nouveau pour tenter de conserver un monde beau appelé à sombrer... Nous devons forger le devenir. Mais nous ne pouvons le faire que si nous lui disons honnêtement oui... Notre époque nous est donnée comme socle sur laquelle nous sommes debout et comme tâche à accomplir. Et au fond de nous-mêmes, nous ne la voulons pas autrement (p. 93). Cette tension entre le chagrin engendré par la perte et la confiance de la transformation est restée l'attitude de Guardini, telle qu'il l'a formulée de manière classique dans *Ende der Neuzeit*. La formule, à juste titre controversée, de la fin des temps modernes s'enracine clairement dans les réflexions de la *Liturgische Bildung*, dans laquelle elle avait un sens différent, très positif, et aussi une logique interne qui s'est perdue avec le changement vers une vue procédant de la critique culturelle. H. U. von Balthasar (passage cité pp. 11

certes de plus en plus de mal à conserver cet espoir ; la menace qui pesait sur l'acte religieux dans ce monde de second ordre fabriqué de toutes pièces par l'homme l'a affecté de plus en plus profondément.

En dépit de toute la joie qu'il éprouve au sujet de la réforme liturgique entreprise par le concile qui s'appuie sur son travail, on ressent dans cette lettre de 1964 un peu de la pesanteur qui grève la fin de sa vie. Le but de son questionnement n'était certainement pas d'appeler à des expérimentations liturgiques nouvelles de plus en plus téméraires qui mèneraient à la destruction de ce qu'il défendait à l'origine, en l'occurrence : destruction de l'objectivité, de la positivité, de la richesse historique et du caractère ecclésiastique de la liturgie. Au contraire, il en va, pour lui, de retourner au fondement, à l'« essentiel ». Guardini appelle les liturgistes rassemblés à Mayence à prendre au sérieux la singularité de ceux qui considèrent que la liturgie n'est plus adaptée. Il les appelle à réfléchir « à la manière – si l'on admet que la liturgie est essentielle – dont on pourrait se rapprocher de ces derniers [1] ». Guardini, pour sa part, ne mettait pas un instant en doute l'évidence de la liturgie et c'était précisément *cette* question qu'il fallait poser très clairement et qu'il avait voulu dans sa lettre souligner en prenant des précautions oratoires. Après coup, on ne peut que regretter qu'on ait abandonné cette question posée avec le plus grand sérieux à la banalité d'un sondage, au

---

à 21) nous donne une présentation condensée de l'analyse de l'époque de Guardini ; cf. aussi H.-B. Gerl (passage cité pp. 338-342) et surtout le travail impressionnant de J.H. Schmucker-von Koch, *Autonomie und Transzendenz*, Mayence, 1985, ainsi que les indications de E. Biser, *Romano Guardini, Wegweiser in eine neue Epoche*, dans : W. Seidel (éd.), *Christliche Weltanschauung. Wiederbegegnung mit Romano Guardini*, Würzburg, 1985, pp. 210-240.

1. *Liturgie und liturgische Bildung*, p. 17.

lieu d'en faire le fil conducteur interne des efforts de réforme.

En disant cela, nous avons toutefois déjà progressé en montrant la part du pathos des années vingt dont Guardini avait pu se défaire lui-même et nous avons mis en évidence l'endroit où ce pathos extrêmement conditionné par l'époque exprime véritablement le caractère essentiel de l'existence chrétienne et humaine. Mais peut-être est-il utile, avant de poursuivre notre propos, de redire rapidement une fois encore de manière claire et nette à quel point ce pathos est véritablement éloigné de l'actuelle conscience historique. Le hasard a voulu que je sois amené, au moment où je commençais à relire Guardini, à travailler sur un article assez important qui vient de paraître dans le *Nuovo dizionario di litugia* (Rome 1984) où j'ai trouvé des avis radicalement opposés sur la liturgie, à savoir qu'elle liturgie serait, certes, menacée par la pression sécularisatrice émanant de l'extérieur, mais surtout par la forme qu'elle adopte dans l'Église, forme fixée depuis le du Moyen-âge. Malgré les efforts entrepris par Vatican II, elle ne parviendrait pas à s'en détacher et à s'ouvrir ainsi au changement[1]. L'auteur remonte même encore plus loin dans le temps, et pense que, au IVe siècle déjà, une sabbatisation du dimanche avait commencé qui, à son avis, est marquée par une idée naturaliste du culte, par le légalisme et l'individualisme. Ces positions, encore discernables aujourd'hui, s'opposent d'après lui à tout effort de rénovation dont on peut deviner, à partir de telles allusions, plus ou moins la direction.[2] Ici, on retrouve un Moyen-âge sombre et l'époque contemporaine

---

1. L. Brandolini, Domenica, passage cité, pp. 378-395, citation p. 380a.

2. *Ibid.*, pp. 385 et suivantes.

regagne la clarté qui lui est propre, mais qui a bien du mal à pénétrer dans l'Église.

II. LE CHOIX THÉOLOGIQUE FONDAMENTAL

Laissons de côté la question de savoir qui a raison ici dans ses jugements historiques ou quelle proportion d'erreur et de justesse ils comportent. Nous serions amenés à perdre de vue notre sujet si nous voulions les expliquer. Essayons plutôt, afin d'aller au fond du sujet, de pénétrer encore plus profondément dans la structure des choix fondamentaux théologiques et spirituels de Guardini. De quoi parle-t-il exactement lorsqu'il évoque de ce dépassement des temps modernes ? Quel en est l'objectif et comment se justifie-t-il ? Je tenterai d'illustrer cela dans un premier temps à l'aide de deux scènes tirées des notes autobiographiques qui nous permettent d'avoir accès à une source historique et spirituelle de tout premier ordre. En automne 1906, au moment où Guardini poursuivait à Tübingen ses études de théologie commencées à Fribourg, il se trouva pris dans le drame de la crise de la modernité. Le 3 juillet 1907, le Saint-Office faisait paraître le décret *Lamentabili*, qui condamnait les erreurs des modernistes. Le 8 septembre de la même année, paraissait l'encyclique *Pascendi dominici gregis*, qui justifiait systématiquement les condamnations et tentait de dégager une sorte de tableau global du système moderniste transparaissant derrière les différentes thèses qui alimentaient autour le débat de l'époque. Les deux textes firent l'effet d'une déclaration de guerre contre tout ce qui, dans la théologie, semblait moderne et semblait indiquer les orientations futures. Aucun de ceux qui, à ce moment-là, avait maille à partir avec la théologie, soit comme enseignant, soit comme étudiant, ne pouvait rester indifférent à ce défi. Il faut dire que la faculté de Tübingen était, à l'époque, loin d'être aussi brillante et novatrice qu'on se l'imaginerait peut-être aujourd'hui. Mais, depuis 1905, Wilhelm Koch, un tout jeune homme mais déjà remarquable, dont Guardini esquissa un portrait vivant, occupait la chaire de dogmatique. Max Seckler a retracé par le menu dans un écrit plein de pondération, ce qui s'était passé dans l'entourage de Wilhelm Koch[1]. C'est d'autant plus bouleversant de voir les événements, l'époque à travers les yeux d'un témoin qui a dû faire dans cette période les choix fondamentaux concernant sa propre orientation. Voilà l'avis concis qu'émet Guardini au sujet de Koch : « Sa plus grande force résidait dans son honnêteté et dans sa conscience professionnelle. Il n'était pas un grand théologien car il lui manquait pour cela une vision de l'essentiel et un rigoureux esprit de synthèse ; mais il était tellement attaché à la vérité qu'on sentait qu'elle était devenue chez lui un trait de caractère[2]. » On remarque en lisant ces notes le rôle important qu'a joué cet homme pour Guardini : Guardini lui devait de s'être libéré du joug des scrupules qui l'entravait depuis l'enfance et menaçait de devenir insupportable. Dans ce bref regard que Guardini jette en arrière, on constate avec émotion qu'au paroxysme de la crise, une jeune génération cherchait sa voie sans se laisser entraîner par une foi dans l'autorité extérieure, et inversement, sans se laisser freiner par un souci humain de loyauté, mais en faisant elle-même des choix à partir d'une nouvelle approche

---

1. M. Seckler, *Theologie vor Gericht. Der Fall Wilhelm Koch — ein Bericht*, Tübingen, 1972.

2. R. Guardini, *Berichte über mein Leben*, Düsseldorf, 1984, p. 83.

interne du fait chrétien. Guardini a voué une reconnaissance éternelle à Koch (qui n'est décédé qu'en 1955) et il en a fait publiquement acte en dédiant son livre sur Pascal à son ancien professeur qui avait depuis longtemps perdu sa place à l'université. Néanmoins, alors que Guardini était encore étudiant, il avait déjà pris ses distances par rapport à Koch. Non que Koch eût enseigné à proprement parler des hérésies ou qu'il eût été un moderniste dans l'étroite acception du terme. Non, le fondement de sa pensée était trop étroit pour Guardini. En effet, en s'attachant à ne travailler qu'avec des documents historiques et en appliquant une méthode historico-positiviste, comme Koch le faisait, alors la fidélité au dogme, que Koch exigeait sans aucun doute, devenait une tâche ardue et douloureuse. Ce n'était alors plus qu'une limitation de la pensée, une entrave admise par honnêteté, mais pas une source, rien qui débouche sur enrichissement et une ouverture. Guardini a apprécié la pensée de Koch comme on apprécie un « air pur et un espace dégagé », mais, en même temps, il a nettement ressenti que c'était « en soi tout seul... simplement trop peu ».[1] Il a accepté comme un don inaltérable l'élan vers l'honnêteté, l'ouverture et la précision, des valeurs qui le préserveront de tout fanatisme et de toute soumission superficielle à l'autorité, mais il a cherché à construire sa pensée sur une nouvelle base.

Pour être plus précis : il l'avait déjà trouvée dans l'expérience de sa conversion. La courte scène dans laquelle Guardini décrit comment, en compagnie de son ami Karl Neundörfer – mais toutefois individuellement – il se fraye de nouveau un chemin vers la foi qu'il avait perdue, a quelque chose de grand et d'émouvant en soi dans la retenue et la simplicité avec lesquelles il décrit le

---

1. *Ibid.*, p. 85.

processus. Ce que vit Guardini dans le grenier et sur le balcon de la maison de ses parents frappe par sa ressemblance étonnante avec la scène du jardin dans laquelle la vie d'Augustin et d'Alype prend un tournant décisif. Dans les deux cas, l'intimité la plus profonde d'un homme se dévoile, mais en plongeant le regard dans ce qu'un homme a de plus personnel et de plus secret, en écoutant son cœur battre, on entend les douze coups frappés à l'horloge de la grande histoire, car c'est l'heure de la vérité, car un homme vient d'être frappé par la vérité. Guardini avait été touché par cette phrase : « Qui aura trouvé sa vie la perdra et qui aura perdu sa vie à cause de moi la trouvera. » (Mt 10-39). Cette intuition avait fait son chemin jusque dans son âme : ce don salvateur ne pouvait se rapporter qu'à Dieu lui-même. Mais il avait aussi compris qu'il ne s'agissait pas là de Dieu en général, inaccessible et simple reflet de la propre volonté, mais au contraire du Dieu concret, tel qu'il nous apparaît dans l'histoire. « Il faut donc que ce soit une instance objective qui puisse dégager ma réponse de toutes les circonlocutions dans lesquelles se cache l'affirmation de soi. Mais il n'y en a qu'une seule qui en soit capable : l'Église catholique dans son autorité et dans sa précision. La question de trouver ou de perdre sa vie ne se décide pas en dernier ressort devant Dieu, mais devant l'Église[1]. » À cet instant, Guardini savait qu'il tenait tout entre ses mains – sa vie entière, qu'il en disposait désormais, qu'il devait en disposer, et il a donné sa vie à l'Église[2]. À cet instant, il avait fait l'expérience de ce

---

1. *Idid.*, p. 72 ; cf. H.-B. Gerl, passage cité pp. 42-44, qui retrace l'effet du passage de Matthieu (10,39) dans la suite de l'œuvre de Guardini.

2. *Ibid.*, p. 72 : « J'avais la sensation de tenir tout – vraiment "tout", ma vie – dans mes mains, comme dans une balance en équilibre : "Je peux la faire pencher vers la droite, ou vers la gauche.

qu'il a appelé plus tard l'espérance de la venue d'un monde nouveau : l'Église s'était éveillée dans son âme. En cet instant, lui et son ami Neundörfer disaient adieu à Kant et au néokantisme dont la pensée très forte était parvenue à ébranler leur foi. C'était l'adieu à ce qu'il ressentait comme étant les temps modernes, *leur* « fin des temps modernes » et le départ vers de nouveaux rivages.

Ce qui relevait, à l'époque, du vécu et de l'expérience commença alors, dans la crise qui se développait dans l'entourage de Wilhelm Koch, à prendre une forme méthodique qui s'appliquait à la recherche dans le domaine de la théologie. À partir de là, il était clair pour Guardini qu'une connaissance théologique indépendante et constructive ne pouvait pas se développer là où l'Église et le dogme n'apparaissaient que « comme limite et restriction [1] ». En outre, il rencontre à nouveau le même problème lors de sa rencontre, au début si prometteuse et finalement décevante, avec le théologien de la morale Fritz Tillmann, professeur à Bonn. Il réprouve toute sorte d'attitude critique qui n'était en fin de compte pour lui qu'« un libéralisme enfermé dans le dogme et l'obéissance [2] » – et donc une demi-mesure, d'où rien de grand ne peut naître, car il est impossible dans ce cas ni d'être vraiment libéral ni de choisir le dogme comme facteur sensé de la vie et de la pensée. Guardini lui oppose sa profession de foi : « Nous étions délibérément non libéraux [3]. » Ce qui signifie que Guar-

---

Je peux donner mon âme ou la garder..." Et c'est là que j'ai alors fait pencher la balance vers la droite. »
1. *Ibid.*, p. 85.
2. *Ibid.*, p. 33.
3. *Ibid.*, p. 86.

dini et son ami cherchaient une voie dans laquelle la Révélation serait la mesure de toute chose, représenterait le « fait existant » sur lequel s'appuie la connaissance théologique, dans laquelle « l'Église serait l'institution porteuse et le dogme serait la règle de la pensée théologique [1] ». Lorsque Guardini fit son entrée sur la scène théologique, au début des années vingt, il se retrouva de manière inattendue dans un climat d'abandon général de la théologie libérale, qui s'opérait dans les têtes pensantes de l'époque : Barth et Bultmann se trouvaient en tête du mouvement ; l'échange épistolaire entre Erik

---

1. *Ibid.*, p. 86. Guardini a présenté en détail ce programme dans son cours magistral inaugural de Bonn *Anselm von Canterbury und das Wesen der Theologie*, qui connaît une nouvelle actualité et devrait être pris très sérieusement en considération comme question posée à la théologie d'aujourd'hui. Je n'en cite que quelques phrases caractéristiques : « Seule l'Église reconnaît Dieu, dans la mesure où le fini peut reconnaître l'infini... Ce qui est apparu dans un premier temps comme un viol de toute pensée scientifique est, si l'on se penche sérieusement sur le sujet, le seul fondement possible de la science théologique : le véritable sujet de la théologie est la communauté de pensées de l'Église (*Auf dem Wege*, 1923, p. 58). « Quelqu'un est théologien dans la mesure où son point de vue face à la connaissance s'élargit, dans la mesure où il se place dans la totalité historique et actuelle de l'Église » (*ibid.*, p. 59). Les journaux intimes montrent que Guardini est resté fidèle jusqu'au bout à sa position. Je renvoie seulement à la notice du 28.09.1954 à propos du dogme marial de 1950 où on peut lire entre autres : « Il [le dogme] indique clairement que le vecteur et la norme du contenu de la foi ne sont pas l'Écriture, mais l'Église. Et l'Écriture dans la main de l'Église. Je n'ai jamais pensé autrement. L'Église est prophète. Elle enseigne et se porte garant. On doit lui faire confiance. Tout le reste n'est que demi-mesure et rend la position non authentique. » Voilà pourquoi, lorsque Messerschmidt (et également K.Rahner) pense que ce ne serait qu'à cause du choc de la crise moderniste qu'il serait « resté à l'intérieur des limites données à l'époque », il méconnaît complètement la position de Guardini... Le contraire est vrai : Guardini était persuadé que seule la pensée

Peterson et Adolf von Harnak à propos de l'Église marque tout autant que le différend entre Barth et Harnak à propos du Jésus historique, le renouveau qui semblait s'amorcer de toutes parts [1].

Mais là n'est pas notre propos, d'autant plus que Guardini lui-même semble s'être peu préoccupé de ces compagnons de route. Ce qui nous occupe, ce sont les fondements de sa pensée théologique et sa portée au-delà de la fascination de sa parole à un moment donné de l'histoire. Le fondement véritable de sa théologie — c'est ce que je voulais montrer en insérant ces instantanés tirés de sa biographie — a été l'expérience de la conversion, expérience qui est en même temps devenue pour lui le dépassement de l'esprit des temps modernes, représenté par Kant. Ce n'est pas la réflexion qui se trouve à l'origine, mais le vécu. Tout ce qui apparaît plus tard comme contenus se développe à partir de cette expérience initiale. J'aimerais essayer de nommer rapidement les catégories principales qui sont devenues, à partir de là, la charpente de la pensée de Guardini.

commune avec le sujet Église rendait libre et rendait possible la théologie. C. H.-B. Gerl, passage cité p. 57 et suivantes.

1. E. Peterson, *Theologische Traktate*, Munich, 1951 ; cf. pp. 293-321, la correspondance encore particulièrement actuelle aujourd'hui avec Harnak. À propos de la controverse entre Harnak et Barth et à propos de la décision antilibérale de Bultmann dans ses jeunes années, cf. J. M. Robinson, *Kerygma und historisches Jesus*, Zurich-Stuttgart 1960, pp. 59 et suivantes.

III. CATÉGORIES FONDAMENTALES DE LA PENSÉE DE GUARDINI – L'UNITÉ DE LA LITURGIE, DE LA CHRISTOLOGIE ET DE LA PENSÉE PHILOSOPHIQUE

1. Penser et être

Il faut nommer en premier lieu l'attention portée à la vérité elle-même, à la recherche de l'être derrière l'action. « La pensée semble de nouveau vouloir tenir en grande estime l'être » : c'est ainsi que Guardini, dans son cours magistral probatoire prononcé à Bonn, décrit le retour à une nouvelle pensée métaphysique en s'appuyant particulièrement sur l'œuvre de Nikolai Hartmann [1]. La rupture avec la perspective kantienne, et qui s'était déjà amorcée chez Edmund Husserl, et avait effectivement entraîné entretemps un renouveau de la pensée métaphysique dans lequel il faut replacer la conversion de Max Scheler. Si on lit par exemple la correspondance échangée entre Edith Stein et Hedwig Conrad-Martius, on voit s'exprimer au sein de l'école phénoménologique et des forces philosophiques les plus vives de l'époque, un sentiment de grand changement, un optimisme confiant dans le fait que désormais la philosophie comme question posée sur les choses elles-mêmes prenait un nouveau départ – un départ qui s'orientait tout naturellement dans la direction des grandes synthèses du Moyen-âge et de la pensée catholique formée à leur

---

1. *Auf dem Wege*, p. 45. à propos de la relation de Guardini avec Scheler, H.-B. Gerl, passage cité pp. 108-114 en particulier.

école[1]. Ce fut un grand moment pour le catholicisme qui, l'espace d'un instant, retrouvait une intensité lumineuse dans l'histoire[2].

À partir de là, Guardini a conduit le débat avec la Freideutsche Jugend (la Jeunesse libre-allemande) et a pris position par rapport au slogan lancé sur le Hoher Meißner, qui avait proposé comme objectifs à la jeunesse la libre disposition de soi-même, la responsabilité propre et la fidélité par rapport à soi-même. Guardini reprend ces valeurs pour les épurer et les approfondir : la liberté, certes, mais n'est libre que celui qui « est complètement ce qu'il doit être conformément à son être ». Ce que Guardini formule de la façon suivante : « La liberté est vérité[3]. » La vérité de l'homme est essentialité, conformité à l'être, et voilà que Guardini progresse directement vers le cœur de la représentation chrétienne de

---

1. Je ne peux malheureusement pas remettre la main sur le petit volume dans lequel cette correspondance a été publiée dans les années cinquante chez Kösel.

2. Notons que la remarque que Guardini a ajoutée en 1923 à son article écrit en 1920 « Vom Sinn des Gehorchens » est caractéristique : il avait remplacé le mot l'homme catholique" par la formulation « l'homme de l'époque qui s'éveille » et noté à ce propos : « En 1920, j'employais ici encore le mot 'l'homme catholique'. Lorsque cet article a été écrit, on pouvait encore prononcer ce mot sans répugnance. Il y a eu un temps – si court ! – où une découverte jubilatoire s'exprimait en lui, un sentiment d'atteindre ce qu'il y a de plus profond en nous. Maintenant, l'irrévérence qui parle et qui écrit s'est emparée de lui et l'a réduit à quelque chose de commun. Si une froideur critique s'en offense, elle a raison. Maintenant ! Qui connaît un moyen pour préserver la sainteté du mot ? Nous allons devoir taire les mots qui nous sont les plus chers ! » Ce constat n'empêchait toutefois pas Guardini, quelques lignes plus haut, de conserver la phrase : « La liberté catholique – sentez-vous ce que c'est ? Je ne sais pas si j'ai réussi à exprimer ce qui s'élève, dans la lumière, devant mon âme... » (*Auf dem Wege,* p. 30).

3. *Auf dem Wege,* p. 20.

l'homme : « Mais qu'est-ce-que l'adoration ? L'obéissance à l'être !... L'adoration est ainsi la première obéissance, à l'origine de toutes les autres : l'obéissance à notre être qui s'oppose à l'être de Dieu. Elle est un être dans la vérité ; elle n'est elle-même rien d'autre que la vérité. »[1] On voit bien dans une telle pensée que la liturgie ne se réduit pas à un divertissement esthétique ou à une sorte de confirmation de soi-même dans la vie communautaire ou à un endoctrinement pragmatique. Elle est appel de l'être, chemin vers la vérité parce qu'elle est correspond à l'être. Le fait que Guardini ait vu dans cette attitude une parenté de son époque avec le Moyen-âge est au fond secondaire. Ce qui est capital, c'est qu'il ait mis l'accent sur l'ouverture à l'être en tant que possibilité et revendication de notre existence. Ce qui est capital, c'est que la vérité était une catégorie fondamentale de sa pensée et que, partant de là, adoration et pensée allaient de pair. Cette orientation qui fut décisive dans la construction de toute son activité transparaît dans le récit de sa vie de manière encore plus frappante que ne l'avait suggérée les écrits de jeunesse. Il y explique le conflit qui l'a opposé à Carl Sonnenschein. Lorsque ce directeur de conscience affirme : « Nous sommes dans une ville assiégée ; il n'y a pas de problème, mais seulement des directives », il lui oppose sa propre conviction en répondant : « Mais la vraie pratique, c'est-à-dire l'action juste, découle de la vérité, pour laquelle nous devons nous battre[2]. » Il revient sur ce sujet à plusieurs reprises dans ses souvenirs ; je ne citerai qu'une seule phrase, celle avec laquelle il clôt le récit de ses conférences dans l'église Saint-Pierre-Canisius à Berlin : « C'est ici que j'ai ressenti avec une intensité extrême le

____

1. *Ibid.*, p. 21.
2. *Berichte über mein Leben,* p. 111.

pouvoir de la vérité dont j'ai parlé auparavant. J'ai rarement eu autant conscience de la grandeur, de la vérité et de la force vitale et fondamentale du message chrétien et catholique qu'à l'occasion de ces soirées. C'était parfois comme si la vérité se trouvait, telle un être vivant à côté de moi[1]. » Je pense qu'il nous faut, au sein du débat actuel autour de la pratique en tant que mesure de la théologie, repenser complètement les expériences et les réflexions de Guardini. L'insistance avec laquelle il défendait la primauté du *logos* sur l'*ethos* dans sa première publication déjà, dans ce merveilleux opuscule *De l'esprit de la liturgie*, n'était absolument pas à ses yeux l'expression d'un débat autour de théories, il s'agissait pour lui d'une démarche aussi pratique que peut l'être précisément la vérité dénuée d'intention[2].

On comprend d'ailleurs à partir de là ce qui le sépare de l'approche du mouvement liturgique de Maria Laach, mais aussi de Klosterneuburg. L'orientation exclusive adoptée à Maria Laach vers l'Église primitive et le point de vue porté sur le Moyen Age considéré comme période de décadence liturgique alors que Guardini se référait très consciemment au Moyen-âge et à sa pensée métaphysique, peuvent passer à première vue pour des éléments anodins. Or cela va très loin, car cela montre que les fondements spirituels n'étaient pas les mêmes. Alors que pour Guardini l'adoration découle de l'affirmation de l'être qui renvoie alors au concret-vivant, au sujet collectif qu'est l'Église, Odo Casel a rejeté la pensée philosophique et la logique philosophique comme des approches incapables d'accéder au mystère. Il n'était

---

1. *Ibid.*, pp. 114 et suivantes, cf. p. 110.

2. *Vom Geist der Liturgie* (Première édition 1917, Nouvelle édition Fribourg, 1983), pp. 127-143 ; cf. J. Pieper, *Noch wußte es niemand. Autobiographische Aufzeichnungen 1904-1945*, Munich, 1975, p. 70.

qu'à la recherche de la forme (de l'*eidos*) du mystère qui porte en lui une logique que la philosophie ne parvient pas à déchiffrer. Cette position a engendré une certaine étroitesse de vue qui ne s'intéressait pas à la dévotion extra-liturgique et qui véhiculait une tendance à l'archéologique, au rétablissement aussi strict que possible de ce qui avait été autrefois. La référence au Moyen-âge de Guardini est d'une tout autre nature. Elle ne relève pas de la quête d'une époque révolue, elle est aspiration à un retour vers l'être même, elle est recherche de l'essentiel qui se trouve dans la vérité et non dans une forme passée [1].

2. Le contraire et le vivant-concret : de la liturgie à la christologie et à la dévotion populaire

Nous avons déjà découvert, avec la catégorie de l'obéissance à l'être, tout un ensemble d'autres catégories : l'essentialité que Guardini opposait à une vérité uniquement subjective ; l'obéissance qui procède de la relation qu'entretient l'homme à la vérité et traduit sa manière de se libérer, d'être un avec son être ; l'adoration comme cœur de la perception et de l'acceptation de la vérité ; enfin la primauté du *logos* sur l'*ethos*, de l'être sur l'agir. Nous devons maintenant analyser deux autres catégories fondamentales qui sont étroitement liées : le vivant-concret et le contraire. En 1917 déjà, Guardini avait présenté une sorte d'ébauche de son intuition philosophique sous le titre « Contraire et contraires. Esquisses d'un système de typologie » ; cette œuvre trouva sa forme définitive en 1925 sous le titre : *Le*

---

1. À propos du conflit entre Guardini et Laach, cf. H.-B. Gerl, passage cité, pp. 127-130.

contraire. Essais en vue d'une philosophie du vivant-concret[1]. À la place de réflexions théoriques, j'aimerais essayer d'expliquer ce dont il s'agit ici pour moi en m'appuyant sur un texte de Guardini qui, à partir de la liturgie, nous introduit directement dans la christologie et dans la relation qu'elles entretiennent l'une avec l'autre. Je fais référence au texte « Entretien sur la richesse du Christ », publié en 1923, dont Guardini retrace la genèse dans ses Mémoires alors qu'il effectuait une randonnée nocturne de Bonn à Holtorf[2]. Il me semble que les ramifications de la pensée de Guardini se dessinent clairement, comme rarement ailleurs, dans ce petit dialogue très vivant. Trois personnes s'entretiennent : le secrétaire de la Caritas, le savant et le vicaire. Les contradictions intérieures de la propre pensée de Guardini s'incarnent dans ces trois personnages, alors qu'en arrière-plan surgit l'ami à moitié rationaliste Windecker ; en mettant en scène ce dernier, il se peut que Guardini ait pensé à des hommes qu'il admirait comme Wilhelm Koch ou Fritz Tillmann. Ces derniers restaient toujours présents à son esprit, jouant tantôt les correcteurs ou les questionneurs sans qu'ils fussent pour ainsi dire eux-mêmes partie prenante dans son propre combat intérieur. Mais l'échange entre ces trois personnes réunies là, chacune représentant une part de Guardini lui-même, exprime toutes les tensions et contradictions de leur auteur. Trois types de christologie se disputent ici, et pas seulement trois manières de penser, mais trois attitudes fondamentales, trois formes de la piété et de l'existence chrétienne. Le secrétaire de la Caritas rentre d'une veillée d'adoration du Sacré-Cœur de Jésus et exprime sa colère devant la

---

1. Le traitement du thème du contraire est une des pensées majeures de la biographie de Guardini de H.-B. Gerl, à laquelle je peux de nouveau renvoyer pour cette question.
2. *Berichte über mein Leben,* p. 35.

bondieuserie et l'artificialité qu'il y a rencontrées. C'est un homme à la foi solide et simple qui se nourrit entièrement du Jésus des Évangiles synoptiques, de la personnalité austère de Jésus, telle que Marc, en particulier, nous la présente. Le divin de ce Jésus-là est « si réservé, si pudique, voudrais-je dire. Il se cache... Le divin en lui est comme la religion dans une âme pudique. Elle rougit lorsqu'elle parle de son Dieu[1] »... Ce Jésus-là rejette comme étant déjà sentimental et déplacé le fait que le riche jeune homme l'apostrophe en lui disant « bon maître ». Jésus ne veut pas que cet homme concentre son aspiration religieuse sur lui et qu'il fasse de lui l'ultime but de son activité religieuse. Et durant la veillée d'adoration du Sacré-Cœur de Jésus, on entend sans cesse « Cœur du Christ, très doux cœur du Christ »... et les chants et le tableau devant et tout le reste, je suis sorti en courant. Dis-moi, est-ce là Jésus ? Est-ce là son esprit[2] ?

Le savant et le secrétaire de la Caritas partagent le même malaise devant l'adoration du Cœur de Jésus. Mais ils ont chacun leurs raisons, cela explique que leurs décisions positives soient différentes. Ce qui dérange le savant dans cette vénération, c'est son absence de culture derrière laquelle il suppose une attitude profondément hostile à la culture[3]. « En effet, dans la veillée d'adoration, ce n'est pas le *logos* qui domine, mais la volonté, l'amour, l'*alogon* et avec lui toute la puissance du subjectif. » C'est pour cette raison que le savant s'enthousiasme pour la liturgie dans laquelle tout est « maîtrisé, éclairé. Le *logos* y vit. La braise est devenue lumière et le flux a pris forme. » Il y voit une merveilleuse acceptation de la réalité. « Certes, le sacrifice est partout, mais il ne semble être là que pour rendre l'acceptation plus pure et plus

---

1. *Auf dem Wege,* p. 158.
2. *Ibid.,* p. 152.
3. *Ibid.,* p. 133.

libre : ce qui est surnaturel en soi devient tout "naturel" Contraire de tout ce qu'on dit non naturel [1]. » Ce qui le gêne donc dans cette veillée de prière du Cœur de Jésus, ce n'est pas à proprement parler l'absence de la présence vivante de Jésus historique, mais sa non-nature. « Et dans la liturgie aussi, ce n'est pas tant Jésus de Nazareth... mais "le verbe qui est devenu chair", l'homme-Dieu. C'est pourtant une forme supérieure découlant de la complète acceptation. L'image liturgique de Jésus ... est à l'image historique... ce que le cercle mathématique parfait est au cercle tracé à la craie [2]. » Le secrétaire de la Caritas ne peut à nouveau adhérer. En réalité, il n'a rien contre l'irrationalité de l'adoration du Sacré-Cœur de Jésus. Il se sent repoussé par son caractère grossier, par la disparition des détails, du parfum irremplaçable qui se dégage de la personne de Jésus dans les Évangiles, par la disparition du ton, de la couleur, de la parole qui guide et de la présence réelle et fraîche. « On a fait du Jésus de Nazareth dont on guette avidement la voix "un cœur" ! Un "organe", une chose, un objet ! Voilà pourquoi je n'aime pas non plus la liturgie... Je ne reconnais pas le Seigneur en elle. Il n'a rien à voir avec le Jésus de Nazareth [3]. » La liturgie transfigure tout, contrairement aux Évangiles dans leur sobriété. « C'est peut-être bien pour le ciel, mais ici, sur la terre... » Le secrétaire de la Caritas est assez précis pour ajouter que, de ce point de vue, l'Évangile de Jean et l'Apocalypse sont déjà « liturgie [4] ».

Le plaidoyer du vicaire commence à cet endroit ; il a vu, au gré de ses rencontres avec des gens simples, les forces que l'adoration du Sacré-Cœur de Jésus peut libé-

---

1. *Ibid.*, p.155.
2. *Ibid.*, p. 154 et suivantes.
3. *Ibid.*, p. 158.
4. *Ibid.*, p. 158 et suivantes.

rer en eux. Il ne conteste pas l'absence de culture inhérente à ce genre de piété. Mais il rappelle que le Christ n'a pas sauvé le monde par la raison et la culture, mais en mourant comme un assassin sur un gibet. « Ce qui agit et édifie, ce sont les souffrances des persécutés, les sacrifices de ceux qui passent inaperçus, les œuvres des méprisés... Et là où rien, pas même l'avis d'un tiers, la culture, ou un livre intelligent, ne peut plus venir en aide, seule la souffrance offerte en secret à Dieu peut agir[1]. » Tout à coup on entend ici s'élever la voix passionnée, presque révolutionnaire, de Guardini qui a dû souvent de défendre contre ceux qui lui reprochaient son esthétisme et son académisme. Le vicaire évoque la révolution russe qui a fait émerger des forces primitives qu'on ne peut pas uniquement imputer de manière réductrice à la bêtise et au crime. D'après lui, la passion cherche là le chemin qui le mènera à l'homme, quitte à tout sacrifier à cette entreprise. « Cette passion détruit tout pour parvenir à ses fins, toute cette belle culture de l'équilibre... Mais elle est appelée à disparaître parce qu'elle n'est que nature, et nature déchue. » Or la réponse chrétienne ne pourrait être qu'une volonté originelle qui provient des mêmes profondeurs. « Ce ne pourrait être qu'un sentiment qui est pur amour... L'échec est sa plus grande force... et la reconnaissance extérieure et le succès lui signifient qu'elle n'a pas pris le juste chemin... La fin des temps est en marche !... Pensez-vous alors que l'histoire et la culture puissent encore venir à notre secours ? Il ne reste plus qu'une seule chose : la haine de l'Antéchrist et, pour lutter contre ce dernier, l'âme qui s'est mise inconditionnellement au service de Dieu. Cette âme qui n'est qu'une chose et qui ne veut

---

1. *Ibid.*, p. 161.

qu'une chose : l'amour[1]. » Le secrétaire de la Caritas intervient : « Oui, tu as vu le Christ[2]. » À cet « instant béni » de la conversation, apparaît le vivant-concret qui suppose le lien entre le *logos* et l'*alogon*. C'est le secrétaire de la Caritas qui, après une première tentative du savant, conclut : « Chaque aspect de la réalité des Évangiles est infiniment précieux, mais nous ne voyons cette réalité avec justesse qu'à la lumière de la Vérité essentielle qui, depuis son éternité, s'adresse à notre époque par l'intermédiaire de l'Église[3].

Dans cette phrase apparemment toute simple, la synthèse christologique de Guardini, sa théologie de la liturgie et sa conception philosophique se trouvent rassemblées en une formule percutante ; Guardini possédait le don d'exprimer simplement de grandes pensées. L'homme se tourne vers la vérité et s'ouvre à elle, mais la vérité n'est pas dans un n'importe où, elle est dans le vivant-concret, dans la figure de Jésus-Christ. Ce vivant-concret se révèle être la vérité justement parce qu'elle est unité des contraires apparents et que le *logos* et l'*alogon* y fusionnent. La vérité ne se trouve que dans le Tout. Et le Tout ne se trouve que là où les contraires sont inclus. Cela a des répercussions sur la conception de la liturgie de Guardini : à l'encontre des positions prises à Maria Laach, il approuvait l'évolution et aussi de ce fait les temps modernes, son subjectivisme comme faisant partie du vivant-concret et de ses contraires. De cela découle aussi son approbation de la piété populaire en opposition à tout exclusivisme liturgique. Cela signifie pour la christologie qu'aucune image du Christ qui repose sur un choix, qui est réductrice, qui se coupe des

---

1. *Ibid.*, p. 163. On peut entendre justement dans ces phrases un écho à l'expérience de conversion que Guardini a vécue.

2. *Ibid.*, p. 164.

3. *Ibid.*, p. 165.

sources ou les rejettent, n'est satisfaisante. Une pensée qui impose une telle attitude n'est pas en dernier ressort assez critique. Elle s'érige elle-même en critère de référence. Ce n'est pas notre pensée qui est le commencement, qui fixe les critères mais c'est Lui, Lui qui brise tous les critères et qui ne peut être appréhendé par aucune des unités que nous façonnons. Il est lui-même le commencement et se révèle comme commencement justement dans la mesure où il est impossible de le faire rentrer dans une forme cohérente ou de l'expliquer par la psychologie. Celui qui veut voir le Christ doit opérer « un revirement », doit sortir de l'autonomie d'une pensée qu'il s'est forgé tout seul pour parvenir à une disponibilité d'écoute qui accepte ce qui est. L'exigence de la philosophie phénoménologique de l'obéissance de la pensée à l'être, à ce qui se dévoile et à ce qui est, se fond avec l'idée fondamentale de la foi, qui est revirement. L'homme accepte alors qu'on lui *donne* une nouvelle mesure qui lui permet d'envisager le tout sous un jour nouveau [1]. La théorie de la connaissance devient éducation dans la foi. Cette synthèse de la pensée qui ne renonce jamais à son sérieux philosophique ni à l'étendue de la recherche du tout, mais qui, au contraire précisément, par la radicalisation du questionnement, dépasse tout ce qui est simple théorisation, s'exprime d'une façon émouvante dans les premières phrases du petit livre : *L'Image de Jésus-Christ dans le Nouveau Testament*. On y voit apparaître l'orientation interne de tous les énoncés christologiques de Guardini : dans notre quête de l'image de Jésus, peut-être « n'arriverons-nous jamais à lui donner "forme", mais seulement à tirer quelques traits qui se prolongent au-delà de notre champ de

---

1. *Das Bild von Jesus dem Christus nach dem Neuen Testament*, Herderbücherei, Freiburg 1962, pp. 139 et suivantes.

vision. Peut-être apprendrons-nous que l'Ascension ne représente pas seulement un événement unique dans la vie de Jésus, mais qu'elle est en soi la manière dont Il nous est donné : comme Celui qui disparaît dans le ciel, dans le domaine réservé de Dieu. Mais là aussi, les lignes que nous traçons sont précieuses : elles nous montrent la route à suivre pour aller au-delà de la foi ; que l'on nous prive de leur vue, et nous tombons dans un état de faiblesse qui nous apprend à adorer [1] ».

IV. ÉPILOGUE :
GUARDINI ET L'UNIVERSITÉ ALLEMANDE

De par son mode de pensée, Guardini a rencontré des difficultés sur le chemin qui l'a mené à l'enseignement universitaire. Au tournant du siècle, l'université se préoccupait soit de la science de la nature, soit de l'histoire. Voilà pourquoi la théologie s'était retranchée derrière l'histoire pour rester digne d'être une discipline universitaire. « L'étude scientifique de la théologie revenait à constater ce que telle et telle époque, tel ou tel homme avaient pensé sur une question. [...] Mais ce qui a spontanément attiré mon intérêt, n'était pas de savoir ce qu'un tel avait dit de la vérité chrétienne, mais ce qui est vrai [2]. » Guardini a encore souffert, alors qu'il occupait sa chaire à Berlin, car il avait l'impression d'être en marge du canon méthodique de l'université qui le rejetait effectivement ouvertement [3]. Il se consolait en pensant qu'il pourrait être, dans son combat pour comprendre, juger

---

1. *Ibid.*, p.28.
2. *Berichte über mein Leben*, p. 24.
3. *Ibid.*, p. 41.

et structurer, le précurseur d'une université qui n'existait pas encore[1]. Il faut reconnaître à l'université allemande le mérite d'avoir permis à Guardini de trouver sa place, en suivant une voie si personnelle, et de lui avoir offert ce qui est devenu pour lui chaque jour toujours plus le lieu privilégié de sa vocation particulière. C'est ainsi que Romano Guardini a dans un grand discours universitaire sur la question juive prononcé après la guerre défendu avec véhémence l'Université comme le lieu où l'on recherche la vérité ; comme le lieu où l'on mesure les choses humaines à l'aune des grands événements du passé ; comme le lieu de la responsabilité exercée avec une très grande vigilance pour le bien de la communauté. Il a défendu l'Université allemande parce qu'il avait vécu durant le Troisième Reich son effondrement résultant en toute logique de son repli dans une apparente absence d'exigence et de son refus de poser la question de la vérité en recourant à la méthode universitaire alors en vigueur. Partant de cette expérience et de sa connaissance de ce que l'Université peut et doit être, il a pris à l'époque position, avec une fougue persuasive qui semblait être chez lui totalement dépourvue de naturel, contre une politisation de l'Université et contre le détournement de sa vocation provoqué par l'omniprésence des partis, le bavardage des réunions et le bruit de la rue ; il a alors lancé à ceux qui l'écoutaient : « Mesdames et Messieurs, ne permettez pas une telle chose ! Il y va de notre bien commun à tous, qui concerne notre histoire à venir[2]. » Une fois encore : le fait que Romano Guardini ait pu trouver sa place dans l'Université allemande et qu'il l'ait considérée comme sa patrie est tout à l'honneur de celle-ci. Elle s'est ainsi réhabilitée après

1. *Ibid.*, p. 46.
2. *Verantwortung, Gedanken zur jüdischen Frage,* München 1952, p. 41.

les ignominies du national-socialisme comme un lieu ouvert à la grande et sérieuse recherche de la vérité. Mais la personne de Guardini, le cheminement de sa pensée, restent aujourd'hui une question pour l'université et pour ses étudiants à qui l'on doit encore actuellement redire avec force : ne laissez pas la passion politique étouffer la parole libre en quête de vérité. « Ne le permettez pas ! » Guardini demeure une référence pour notre université et nous devons tous avoir à cœur que cette dernière reste digne, aujourd'hui et demain encore, de cette référence.

Table des matières

Composé par Nord Compo Multimédia
7, rue de Fives, 59650 Villeneuve-d'Ascq

www.ingramcontent.com/pod-product-compliance
Lightning Source LLC
LaVergne TN
LVHW051218060726

842526LV00013B/2804